U0286064

小·学生爱看的
趣味科学启蒙书

能源 与 环保

代晓琴◎著

中国纺织出版社　国家一级出版社
全国百佳图书出版单位

人物介绍

王多智：男，13岁，科技大学附小六年级学生。科学探索小分队创始人、队长，对物理、化学、医学、科技等领域广有涉猎，是一个不折不扣的"学术型"人才。他睿智、果敢，爱科学，好探索，逻辑推理能力强，是队里综合素质最强的人。

龚思奇：女，12岁，与王多智同班，虽娇小可人，却有着男孩子的个性，是王多智的"死党"和"跟屁虫"。她心直口快，好奇、好问，有时候快嘴没头脑，是奇谈怪论的"始作俑者"。化学是她的最爱。

朱小憨：男，13岁，与王多智同班，也是他的"死党"，但有时候意见会和龚思奇不同。他憨厚老实，但不失幽默，是一个热爱大自然的环保主义者。

　　写一套让小学生钟爱的趣味科学启蒙书，源于两年前发生的一件事：那天上午，我因病去医院就诊。候医期间，一位母亲带着孩子挂了急诊。医生经过一番诊断之后，得出了孩子因红药水和碘酒混用导致中毒的结论。究其原因，是孩子不懂最简单的医学科学常识，擅自用药所致。而这个最基本的常识，孩子母亲竟也知之甚少。看着孩子，我联想到了更多懵懂无知的孩子；看着孩子的母亲，我心里更多的是难过……

　　科普，在"关键时刻"显得尤为重要。而提高全民科学素养，必须从小抓起。小学生有着与生俱来的好奇心、求知欲，此阶段是科学启蒙的"黄金时期"，一味苦读科学理论未免枯燥，也不适合此年龄段的孩子们。之前，我写过很多与科学有关的童话故事，并讲给班里的小朋友听，聚精会神是他们的常态。现在，班里的小朋友都已长大，变成了小学生，但他们对故事的偏好却始终没变。这套科学故事就是在他们的"呼声"中诞生的。

　　为了写出让小读者钟爱的科学启蒙书，我和小学生们进行了全方位接触，发现他们除了听故事以外，还喜欢一些具有智力色彩的挑战、趣味漫画等。为此，我在每个故事后面，精心准备了"超强大脑""科学侦探大本营"栏目，力求让科学启蒙变得更

加趣味盎然。

这套书分为四册，通过"科学小分队"三人组合的科学探索故事，分别向大家介绍能源与环保、物理与化学、卫生与健康、医学与科技等与生活息息相关，也是孩子们最好奇、最感兴趣的科学知识。

书稿写成之后，我的学生们争相翻看，并进行趣味问答。看着他们，我仿佛也看到了此刻正捧着这套书的你。此刻，我要对你说：爱阅读、爱故事的孩子必定是好孩子，你也必定和我的那些"大小朋友们"一样聪明可爱。同时，热爱科学、喜欢探索的孩子，也必定会像科学家那样去思考！

最后，我衷心期望此书系能让你在趣味阅读中启迪科学智慧，快乐成长！

爱你们的大朋友　代晓琴

2017年10月

目 录

1

第三辑

第一辑

朱小憨的"节电妙招"

1.一次节电比赛

班会上，班主任方老师组织同学们看了一部名为《能源危机》的科普小短片，这让大家对能源问题有了很深刻的认识和理解。

"从明天开始，我也要节能了。"龚思奇作为班里的秘密组织——科学探索小分队的"小快嘴"，率先表示。由于龚思奇和朱小憨的父母都要出差一周，所以她决定和朱小憨来一次节电比赛。

"好，我给你俩当裁判。"王多智是科学小分队的唯一"领导"，他"毫不客气"地抄下龚思奇和朱小憨两家的电表度数，并约定一周之后见胜负。

为了获胜，龚思奇和朱小憨煞费苦心地给自己制订了一套节电计划，并天天严格按照计划进行节电。

转眼，一周过去了。这天，王多智抄下龚思奇和朱小憨家的电表度数，并掏出计算器，准备一"算"决胜负。

"老大，思奇家的用电度数太少了，还没有半度电……她一定弄虚作假了。"朱小憨不等王多智算出结果，就看出了"端倪"。

"谁叫人家节电有方呢。"龚思奇摆出一副胜利者的姿势，朝

着朱小憨挤眼睛。

由于朱小憨家这一周比龚思奇家的用电度数多，所以龚思奇毫无悬念地成了获胜者。朱小憨不依，随即"宣布"了一条比赛规则："为了抚慰失败者受伤的心灵，我强烈要求获胜者也就是龚思奇请客！"

"看看，这是我的节电计划——不用电。这一周，我一直住外婆家，根本没用家里的电……因为有作弊的嫌疑，所以我宣布此次比赛结果无效。"龚思奇摸摸口袋，诡笑着拿出自己的省电计划，宣布这次比赛不算数。突然，她觉得有些不对劲儿："可是，我没用家里的电，怎么电表上还显示用了将近半度电呢？"

"莫非，你家遭贼了！"朱小憨一脸惊诧地看着龚思奇。龚思奇一听，吓了一跳，赶紧和王多智、朱小憨来到她家。经过一番严密的"侦查"，大家并没有发现什么异常之处。

"哈哈哈……这是由于电器关闭电源后，机内的电源部分还没有完全切断，会消耗一定电能的缘故。"王多智仔细检查了龚思奇家的电路，发现她家所有家用电器的电源插头都没有拔掉。

"我规避了龚思奇那样的节电误区，怎么也没节约多少电呢？"朱小憨的问题又来了。

为了弄清事情的原委，朱小憨拿出了自己当初制订的节电计划，只见上面清清楚楚地写着"少用电"。

"我时时刻刻不忘拔掉电源插头，不存在电器待机的电能浪费。而且，我还特别注意节约，一周以来，家里的电视机、电脑、空调等电器，只要是不用的时候，我也一律关闭，直到需要用时再开……"朱小憨没想到自己一直苦苦地节约用电，却收效甚微。

"电器时开时停，不但不节电，反而会影响其使用寿命。譬如：电冰箱长期停用后，再次启动时，阻力很大，不但不节电，反而缩短压缩机使用寿命，得不偿失……"平时，王多智博览群书，也很注重细节。此刻，他俨然一副节电专家的样子。

"这周，我家里的电风扇一律用慢档启动。这样总节能了吧？"朱小憨有些不服气。

"如果用慢档启动电风扇的话，电扇从接通电源达到正常转速的时间段，所需电流要比正常运转时大几倍。而且启动时间越长，耗电越多。"王多智一边说，一边把两个小伙伴带到他家。

一进门，龚思奇和朱小憨就看见王多智家客厅的灯亮着。

"我家的灯是节能灯，所有的电器都是节能电器。而且，我们一家子都是节电能手。"王多智一脸自豪地说。

"节电其实就是科学用电，注意生活中的细节。譬如：冰箱应置于凉爽通风处，它的背面与墙之间要留出空隙，这比起紧贴墙面来每天可以节能20%左右。空调不能频繁启动，使用睡眠功能可以起到20%的节电效果。"王多智的妈妈见家里来了两个小客人，很热情地递上茶水。

"电视色彩、音量及亮度调至我们感觉的最佳状态，可以节电50%，也能延长电视机的使用寿命。另外，在开启电视机时，音量不宜过大。因为每增加1瓦音频功率，要增加3~4瓦电功耗，而且亮度高也比较费电……这些常识，需要你们多看、多听，才能体会得到。"王多智爸爸也说。

　　"原来，老大强大的'智囊'是从爸爸、妈妈那儿得来的呀！"听完王多智爸爸和妈妈的话，龚思奇一下子明白了王多智为什么懂得这么多，忍不住向他投去佩服的眼神。

　　听了小伙伴的称赞，王多智露出浅浅的笑容……

超强 大脑

　　亲爱的科学小探迷们：请认真回忆故事中的细节，然后在不回看的情况下，试着回答下列问题。

　　❶ 班会上，班主任方老师组织同学们看了一部什么科普小短片？

　　❷ 节电比赛期间，龚思奇为了不用电，住到谁家里去了？

　　❸ 王多智家里用的灯是一般的灯，还是节能灯？

科学侦探 大本营

　　❶ **节约用电是不是不用电？**

　　答：节约用电不是不用电，而是科学用电。

　　❷ **生活中，我们要如何科学用电？**

　　答：科学用电的意思就是，采取技术可行、经济合理的措施，减少电能的直接和间接损耗。譬如，我们可以优化用电方式，合理调整用电时间，避开高峰时段用电以及科学使用家用电器等。

纸袋"流行风"

2.纸袋不一定环保

放学后，饥肠辘辘的龚思奇、王多智和朱小憨去超市买零食。当他们捧着一大堆零食，习惯性地向售货员索要塑料包装袋时，售货员递给他们一个纸袋，还让他们多付五角钱。

三个小伙伴想起之前买东西，超市会免费提供塑料袋，于是心怀不满地离开了那家超市。他们到附近几家超市转了转，结果发现几乎所有的超市都用上了纸袋。龚思奇"一气之下"，带着王多智和朱小憨到住在附近的二姨家蹭零食。

"塑料袋难以降解，使用完之后很难处理掉。如果混入土壤中，会影响农作物吸收养分和水分，导致农作物减产；如果被动物吞食，会导致动物死亡；如果填埋，将会长期占用土地，而且混有塑料的生活垃圾也不适宜堆肥处理，可谓后患无穷……为了践行环保理念，很多商家都把塑料袋换成了纸袋。"二姨听了大家愤愤不平的诉说后，解释道。

"原来，我们错怪人家啦！"三个小伙伴一听，不免有些内疚。

"不过，纸袋不一定就比塑料袋环保。"二姨见状，话锋一转。三个小伙伴惊愕地张大了嘴。

"一个产品从开始生产的那一刻，一直到它作为废物被处理为止，整个过程都背负着对环境的影响。所以判断一个产品够不够环保，必须把产品的每一个环节都考虑进去。"二姨说。

"对，这个过程就叫产品的'生命周期分析'。"说话间，龚思奇已打开了电脑。

"如果我们从生产到废弃的完整过程，全方位地比较纸袋和塑料袋对环境的影响孰大孰小，答案就不仅仅是降解或不降解那么简单了。"朱小憨和王多智见状，也跑到电脑前。

"首先，我们来看看纸袋和塑料袋的材质。纸袋的原材料为纸，生产中需要消耗大量木材，这显然对环境有影响，而生产塑料袋则少了砍树这一'罪状'。"三个小伙伴从电脑中查出了端倪。

"其次，从生产工艺和使用上来比较。纸袋在废纸回收、清洗、脱墨、再制浆过程中也会消耗很多能量。而生产塑料袋的原料是从石油中分馏出的乙烯，乙烯的聚合工艺已经十分成熟，如果单纯从生产过程的能耗和污染来看，生产聚乙烯塑料袋要比生产纸袋更环保，也更经济。"二姨补充道。

"如此说来，纸袋不一定比塑料袋环保。"三个小伙伴不免担心起纸袋的环保问题来。

"由于纸袋和塑料袋所涉及的环保问题都不小，所以要想践行环保的理念，我们首先要避免浪费，无论是塑料袋还是纸袋，都要尽量多用几次。而且，使用纸袋的时候，我们还要尽量注意纸袋的回收再利用。"二姨收起装零食的纸袋，准备

二次使用。

"我们可不可以选择其他的袋子呢？"龚思奇突发奇想。

"布袋就是一个不错的选择。这是因为布袋用布做成，可以反复使用，脏了洗洗就好，而且经久耐用，从环境成本来计算的话可谓是最环保的。"二姨笑着说。

"未来，我希望能寻找到一种能让塑料降解的好办法。"龚思奇又灵机一动。

"我们也要发明一种环保口袋。"朱小憨和王多智也不服输。此刻，大家心里，环保理念已经根深蒂固了。

亲爱的科学小探迷们：请认真回忆故事中的细节，然后在不回看的情况下，试着回答下列问题。

❶ 龚思奇"一气之下"，带着王多智和朱小憨到谁家蹭零食？

❷ 纸袋、塑料袋和布袋，哪一个更环保？

❶ 为什么说塑料袋不环保？

答：因为塑料袋很难降解，使用之后不容易处理掉。

❷ 为什么在一定程度上纸袋也不一定环保呢？

答：纸袋在生产中需要消耗大量木材，多了砍树这一"罪

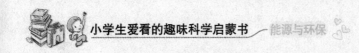
状"。加上再生纸在废纸回收、清洗、脱墨、再制浆过程中会消耗更多的能量，这显然对环境有影响。所以，在一定程度上纸袋也不一定环保。

栽不完的树

3.树也不可以乱种

　　小区要绿化，三姨负责去乡下种植园运树种。王多智觉得这是一个去乡下考察的好机会，便叫上龚思奇和朱小憨一起坐上三姨的车，直奔乡下而去。

　　经过一路颠簸，一行人抵达种植园。只见园内的树种应有尽有，三个小伙伴认识了很多以前没见过的树种，大开眼界。

　　"那边有一座'秃顶'的山峰。"突然，龚思奇发现对面有一座秃山。

　　"城里人大老远来买树种，乡下人怎么就不爱种树呢？"朱小憨觉得乡下的树种很多，移栽应该不困难。

　　"或许他们光顾着种树苗赚钱，顾不上种树呢。"龚思奇小声附和。

　　"我们乡下人也知道绿化的重要性，但树也不可以乱种。"种植园的管理员听见了三个小伙伴的议论，解释说。

　　"不绿化，还找借口。"龚思奇噘着嘴，有些不服气。

　　"绿化是人们为了改善和美化环境而种植植物的行为，只与植物有关。而对面的秃山曾发生森林火灾，需要的是生态修复，不是绿化。生态修复包含的面要广得多，不仅包括植物，还要综合考虑当地气候、地形地貌、动物和微生物等多种因子之间的相互作用，以及人类对整个环境的影响。"管理员对生态环境很有研究。

三个小伙伴头一回听说生态修复这个新名词，不禁对管理员肃然起敬。

"对于一些特殊的生态系统，不科学的植树往往会对环境造成巨大的破坏。这是因为人类出于经济利益等方面的考虑，常常种植一些速生或有经济价值的树种，形成了所谓的人工林。由于树木种类非常单一，这种人工林不能支持很多物种生存。相同的树种不断吸取某种特定的养分，会造成土壤营养的不平衡。"管理员接着说，"而且一旦发生病虫害，灾难就会以极快的速度大面积蔓延，这种情形就像传染病在人流密集的地方快速传播一样。然后又不得不施用大量农药来杀虫，甚至烧掉树林。"

"看来，树真的不可以乱种。但我们怎样进行生态修复呢？"管理员的话令三个小伙伴连连点头。

"自然生态系统有其自身发展的规律，在一些不适合树木生长的地方，比如降水量少的地方、陡峭的山坡和岩壁等，自然会有草本、灌木、地衣等其他植物生长出来，起到涵养水源、保护土壤的作用。人类只要保护好这些原生植被不受破坏，就能够维持环境的健康。"管理员笑着说。

"既然自然生态系统能够靠本身的能力来恢复平衡，那么我们还要进行生态修复工程吗？"三个小伙伴又有了新的疑问。

"从客观上来说，任何生态系统要想完全摒弃人类的影响是不现实的。人类是自然的一部分，时刻都与自然发生着联系，要在较短的时间内造就一个适合自然与人类共同生存的环境，就需要生态修复工程。不过，生态修复工程如果不合理，就会对生态系统造成严重的破坏。所以，实施这项工程必须具备丰富的生态学知识、谨慎负责的态度以及对自然规律的充分尊重，才能保证工程的成功。"管理员回答。

"在生态修复的工程中，人类可能会采取改变地形、调整河道、移除有毒淤泥、利用微生物处理污染物等各种手段，干预被破坏的生态系统，而并不是仅仅追求种植尽可能多的植物。"三姨接过话茬。

"环保也不能盲目，得讲求科学性。如何治理对面的秃山，你们一定已经有了好的方案。"三个小伙伴明白了。

 **大脑**

亲爱的科学小探迷们：请认真回忆故事中的细节，然后在不回看的情况下，试着回答下列问题。

1 小区要绿化，谁负责去乡下种植园运树种？

2 谁发现种植园对面有一座"秃山"？

3 秃山之所以"秃"，是被砍伐，还是曾发生森林火灾？

 **大本营**

1 **生态修复和绿化是一个意思吗？**

答：不是。生态修复指通过人工方法，按照自然规律，恢复天

然的生态系统。其目标不是要种植尽可能多的物种，而是创造良好的条件，促进一个群落发展成为由当地物种组成的完整生态系统。

❷ 人类如何进行生态修复？

答：人类进行生态修复的方式很多。一方面，我们可以改变地形、调整河道来干预被破坏的生态系统；另一方面，我们还可以利用微生物处理污染物等多种手段，完成生态修复工程。

"外来"的"朱小憨"

4.带刺的"黄花"

一个天气晴朗的日子，朱小憨、王多智和龚思奇相约去郊游。

"快看，好娇艳的黄花！"不知不觉间，三个人来到一处花草茂盛的地方。这时，龚思奇指着不远处一丛娇艳的黄色小花，让朱小憨和王多智看。

朱小憨和王多智顺着龚思奇指的方向一看，发现翠绿的花草中果然点缀着星星点点的小黄花，十分娇艳。三个小伙伴情不自禁地跑向黄花丛，大家发现花朵不仅有纯黄色，还有黄白相间的颜色，而且每朵花的花蕊除了一根为紫黑色，其余的都是黄色，花萼则像一只蜷缩的刺猬，布满利刺，植株的茎干和叶片上也满是尖刺。

由于三个小伙伴以前从未见过这种带刺的黄花，所以大家一致认为发现了珍贵的奇花异草，拿出手机争相对着黄花拍起照来。

"好痒……"龚思奇想移栽一株回家养着，刚要动手就被黄花上的刺刺了一下。随后，她的手红肿起来，痒得难受。朱小憨和王多智赶紧带她到附近的诊所就医。

医生经过诊断后，说龚思奇中毒了。三个小伙伴一听，顿时傻了眼。

"这种毒素叫茄碱，广泛存在于马铃薯、番茄及茄子等茄科植物中。尤其马铃薯发芽后，幼芽和芽眼部分含茄碱最丰富。之前，你是不是吃了发芽的马铃薯？"医生怀疑龚思奇食物中毒。

"我只是被黄花上的刺刺了一下。"龚思奇故作轻松地回答。

"什么样的黄花如此厉害？"医生警惕地问。

"就是它！"王多智赶忙把拍摄到的黄花照片给医生看。

"这种植物叫黄花刺茄，是茄科属一年生草本植物。主要生长在农田、村落附近、路旁、荒地，能适应温暖气候、沙质土壤，在干硬的土地上和非常潮湿的耕地上也能生长。它产生的茄碱毒素直接威胁人或家畜的安全。"医生对植物也颇有研究。

"这种黄花虽然带刺，但很漂亮。下次，我小心一些。"龚思奇心存侥幸。

"黄花刺茄以抢占其他植物的阳光、养料、土壤、水分作为自己生存的基础，耐干旱、酷暑和严冬，适应能力和繁殖能力强，是一种高度危险的外来物种，对作物造成排挤性危害。这种不受欢迎的植物几乎到处都长，所到之处一般会导致土地荒芜，严重威胁生态环境。"医生不是危言耸听。

"那么，我们要如何对付它？"三个小伙伴没想到小小的黄花竟这么厉害。

"随着国家和地区间经济、文化交往的日益频繁，全球环境不稳定因素在不断增多，外来物种入侵像一场没有硝烟的生态战争，已经在全世界范围内悄悄打响。它所造成的生态灾难正严重威胁着世界各国的经济发展和生态安全。"医生给龚思奇敷上药膏后，拿出一本资料给大家看。

"据初步统计，目前我国已知的外来入侵物种至少包括300种入侵植物，40种入侵动物，11种入侵微生物。其中水葫芦、水花生、薇甘菊等8种入侵植物给农林业带来了严重危害，这些入侵生物，目前已然成为我国农业、林业、牧业生产和生物多样性保护的头号敌人。"王多智看着资料上的数据，眉头也随之皱了起来。

"这些外来物种的传播方式很多。它们中有的随着风、水流或由昆虫、鸟类等自然入侵，有的伴随出口贸易、海轮或入境旅游而无意间被引入。"紧接着，朱小憨读道。

"你们别绕圈子，我只想看看到底怎么对付它们。"龚思奇在一旁干着急。

"目前，对于外来物种一般采取了人工防治、机械或物理防除、替代控制、化学防除、生物防治和综合治理等方式。这些方式各具特色，但也有一定的缺憾。譬如，依靠人力捕捉害虫或拔出外来植物，对于那些刚刚传入，没有大面积扩散的植物有效，但对于已沉入水里或土壤里的植物种子却无能为力。"医生顿了顿，又说。

"再如，依靠化学防除具有效果迅速、使用方便、容易大面积推广等优点，但化学农药在防除外来物种的同时，往往也杀灭了许多本地生物。另外，生物防治虽然是一种生态控制方法，主要通过种植沙打旺、紫花苜蓿等本地优势牧草品种，占领黄花刺茄的生存空间来达到防治目的，但替代控制必须依赖生态环境，操作起来存在一定难度……"

"带刺的黄花不仅刺手，更刺了我们的心。"三个小伙伴顿感责任重大。

大脑

亲爱的科学小探迷们：请认真回忆故事中的细节，然后在不回看的情况下，试着回答下列问题。

1️⃣ 谁想移栽一株"黄花"回家养着？

2️⃣ 刺伤龚思奇的花叫什么名字？

3️⃣ 黄花刺茄是不是外来入侵物种？

❶ **外来物种具有哪些特点？**

答：外来物种是在自然和半自然的生态系统和环境中建立的种群，主要有三个特点：它们的生态适应能力强；它们的繁殖能力强；它们的传播能力也很强。

❷ **外来物种有哪些危害？**

答：外来物种侵入适宜生长的新地区后，其种族会迅速繁殖，逐渐成为当地新的"优势种"，并与当地物种竞争有限的食物资源和空间资源，直接导致当地物种的退化，甚至灭绝，严重破坏当地的生态安全。

朱小憨，快看流星雨

5.易被忽视的"光污染"

听到有流星雨的消息后，王多智、龚思奇和朱小憨的心情就再也不能平静了。为了能很好地观察到难得一见的流星雨，他们拿出压岁钱，悄悄买了一台高倍望远镜。

流星雨来临的夜晚，三个人来到顶楼，静候神圣时刻的到来。但遗憾的是，别说流星雨，他们连天上的星星都没见着几颗。懊恼之际，班里一位居住在乡下的同学在网上发布了流星雨的图片。

"为什么乡下能看到流星雨，我们却看不到？"龚思奇怀疑望远镜失灵，拿着望远镜使劲捣鼓，结果还是没能看到流星雨。

"望远镜没问题，应该是别的地方出了问题。"朱小憨生怕龚思奇把望远镜捣鼓坏，赶忙说。

"那是什么原因呢？"龚思奇寻思着。

"你问我，我问谁呢？"朱小憨把目光投向王多智。

"难道这就是传说中的光污染？"王多智挖空心思想了好半天，然后一字一顿地说。

"光污染是什么东西？"龚思奇和朱小憨只听说水污染、噪声污染，还从没听说光污染，他们夸张地张大了嘴。

王多智并没有马上作答，而是把龚思奇和朱小憨带到一间

暗室。

"老大，你想要做什么？"龚思奇心里想着鬼故事，忍不住头皮发麻。朱小憨推了推龚思奇，叫她别吭声。

王多智点亮一支蜡烛，让龚思奇和朱小憨观察蜡烛的亮度。过了一会儿，他又打开白炽灯，让他俩再次观察蜡烛的亮度。

"在暗夜，我们很容易感觉到蜡烛的光亮，但在白炽灯的强光下，我们对蜡烛的亮光就没有那么敏感。天上的星星就好比实验中的蜡烛，因为城市里灯火通明，以至于让星星的光芒也显得微小了许多，所以我们才看不见天上的星星。"王多智绘声绘色地讲解。

"没想到城市夜灯竟然成为我们观测星星的障碍。那么，光污染是不是就是指城市里的夜灯呢？"龚思奇问。

"'光污染'泛指影响自然环境，对人类正常生活、工作、休息和娱乐带来不利影响，损害人们观察物体的能力，引起人体不舒适感和损害人体健康的各种光。因其无声无息，常常被人忽视。"此时，朱小憨也在网上查到一些资料。

"日常生活中，光污染的现象很多。其中，镜面建筑的反光、夜晚不合理灯光尤为多见。再者，家居照明、广告霓虹灯、街灯、景观照明、玻璃幕墙大幅面的反光以及交通枢纽的强光照明也会造成光污染……这些现象导致天文观测出现了前所未有的难度。为了提高天文观测的准确性，科学家只得远离城市，另觅观测地址。"王多智说。

"惹不起就躲的策略就是好。"龚思奇打趣道。

"事实上，光污染的危害不仅如此。"朱小憨又打开一个手机网页。

"一项调查显示，全球70%的人口生活在光污染中，夜晚的花灯造成的光污染已经使得世界上20%的人无法用肉眼看到银河系美景。"王多智说。

"更重要的是，光污染还会影响我们的健康。如果人长期受到强光刺激，不但视网膜上的感光细胞会遭到破坏，视力受损，而且还会感到身心疲惫，甚至引发神经衰弱等病症。"朱小憨念道，"其次，光污染也会打乱动物的生活规律，使它们昼夜不分，影响其活动能力。严重的话，会导致生态失衡。"

"我们如何面对它呢？"龚思奇问。

"人类面临的各种污染中，光污染是最容易被治理的，只要引起人们足够的重视，情况就能得到改观。譬如，在日常生活中我们可以适当改变生活方式，减少甚至杜绝过度照明，并尽可能从环保出发，改进灯光设计。从技术上来说，目前比较有效的是采用固态照明，尤其是发光二极管，这样既能提高能源利用率，又能减轻过度照明。"王多智的语气显得有些沉重。

大脑

亲爱的科学小探迷们：请认真回忆故事中的细节，然后在不回看的情况下，试着回答下列问题。

1. 谁在网上发布了流星雨的图片？

2. 王多智、龚思奇和朱小憨没能看到流星雨，是因为望远镜

出了问题吗？

❸ 分别在黑暗中与打开白炽灯两种环境下，点亮一支蜡烛。我们会觉得哪种环境下，蜡烛亮一些？

❶ 光污染有什么危害？

答：光污染的危害主要有三方面。首先，它会损伤我们的视力。其次，它让人感到身心疲惫，神经衰弱。再者，它还会扰乱动物的生物钟。

❷ 如何避免光污染带来的危害？

答：适当改变生活方式，改进灯光设计，一切从环保与节能着眼，减少甚至杜绝过度照明，情况会得到改观。

不能踩的"绿地毯"

6. "疯狂" 的水葫芦

星期天, 朱小憨、龚思奇和王多智相约去郊游。

三个人像往常一样, 向风景秀美、空气清新的郊区出发啦。不知不觉间, 他们来到一条小河边。这时, 他们惊奇地发现河面上铺满一种绿色的植物。

"看, 小河变成一块绿地毯啦!"朱小憨指着河面说。

"这'绿地毯'还真不错。"正当龚思奇、朱小憨和王多智对河面上漂浮的绿色植物赞不绝口时, 一群人驾着小船由远及近。只见他们把河面上的绿色植物打捞上船, 扔在河堤上。

"这些人破坏绿色植物, 我们去告发他们!"三个小伙伴愤愤不平地议论起来。

"小家伙们, 你们是来看热闹, 还是帮忙呢?"那群人问。

"你们为什么把河里的植物打捞起来呢?"王多智反问那群人。

"因为这些植物是水葫芦。"那群人异口同声地回答。

三个小伙伴摇摇头, 不解地看着那群人。

"水葫芦又叫凤眼莲、水浮莲, 是一种多年生宿根浮水草本植物, 喜欢温暖向阳及富含有机物质的静水或流速缓慢的动水, 多数生长在河水、池塘、沼泽、水田或小溪流中。它的'老家'在南美洲亚马孙流域，1901年为了解决饲养生猪饲料不足被引入中国，属于外来物种。"一位大胡子叔叔停下手里的活儿，解释道。

"原来是欺负'外来人口'呀？"龚思奇大叫。

"水葫芦繁殖速度极快。通常情况下，它以每周繁殖一倍的速度滋生，要不了多久就会覆盖整个湖面，侵占水中其他生物的生存空间。不论'走'到哪儿，它都会'反客为主'，导致局部生态失衡。"大胡子叔叔是这群清理工中的技术员，他知道很多。

"水葫芦真会如此厉害？"三个小伙伴半信半疑。

"不仅如此，水葫芦生长速度也很快，能在短期内把整个水面遮掩住。特别是在秋季，它的根叶会迅速腐烂，不仅堵塞水上交通，还会污染水源。2007年，水葫芦灾害在中国第一次大爆发，自闽江上游来袭的水葫芦覆盖水口大坝整个库区，严重阻碍了交通。此后，水葫芦在中国南部水域广为生长，成为外来物种侵害的典型代表之一。"大胡子叔叔举出实例。

"看来，水葫芦的确不是什么好东西。你们快快打捞吧！"三个小伙伴明白过来。

"光靠我们打捞也不一定能奏效呀！"大胡子叔叔耸耸肩，显得很无奈。

"这是怎么回事呢？"三个小伙伴睁大疑惑的眼睛。

"人工打捞可以短期控制水葫芦蔓延，却不能'长治久安'。"大胡子叔叔说，"研究发现，生物与生物之间相互制约、相互协调，才能各自维持一定的数量，达到生态平衡，所以生物防治是一种比较天然的防治方法，同时也对水葫芦的生长起到了明显的控制效果。"

"我明白了，这叫'一物降一物'。"王多智笑着说。

"对！由于水葫芦象甲、海牛等动物喜欢吃水葫芦，所以人们常用它们来做生物防治。20世纪50年代，有人将水葫芦带到非洲的刚果盆地。三年后，水葫芦战胜了所有的水生植物对手，反客为主，在刚果河上游1500千米的河道上蔓延，阻碍了航道。为了消灭水葫芦，当地政府在河道内投放了数头海牛，由于一头海牛每天能吃掉400平方米的水葫芦，于是问题迎刃而解。"大胡子叔叔侃侃而谈。

"那我们多养些水葫芦的'克星'，把它赶尽杀绝，就可以高枕无忧了。"龚思奇连声附和。

"最新研究表明，水葫芦不仅可以清除污染、发展养殖业、制造有机肥，而且能促进有机果蔬业、沼气业的发展。所以我们控制水葫芦蔓延，并不是要对其'赶尽杀绝'，而是要趋利避害，合理利用水葫芦的优点，以科学的方法综合治理水葫芦。譬如，可以根据各地水体中营养物质补充的情况，确定该地区利用水葫芦的规模，定期定量控制，加工水葫芦用于发展养殖业、制造有机肥等。"这次，大胡子叔叔之所以带着大家清除水葫芦，主要是因为此处的水葫芦蔓延得太快，导致水下生物失衡，而目前又没有找到科学的处理方法。

"生活污水和化肥残留物源源不断地进入水系，经过一段时间，营养物质大量累积，必然导致水葫芦更大规模地复活，所以要想'长治久安'，我们唯一能做的就是树立环保意识，好好爱护环境。"终于，三个小伙伴明白了大胡子叔叔的良苦用心。

亲爱的科学小探迷们：请认真回忆故事中的细节，然后在不回看的情况下，试着回答下列问题。

❶ 铺满河面的绿色植物是什么？

❷ 水葫芦的"老家"在哪里？

❸ 请写出两种喜欢吃水葫芦的动物。

❶ 为了解决饲料不足问题，中国在什么时候引种了水葫芦？

答：1901年。

❷ 为什么要合理引种水葫芦？

答：因为水葫芦生长速度快，很容易大规模蔓延；水葫芦繁殖速度快，引种会存在堵塞水上交通、污染水源等一系列弊端。所以，我们应趋利避害，合理引种。

油汤的疑问

7.地沟油风波

春天，万物复苏，乡村的景色特别美。

龚思奇、朱小憨和王多智骑上单车，相约去春游。路边的桃花、梨花和杏花竞相开放，令人目不暇接。

"老大，快看！那是什么？"当他们行至一个僻静的小村庄时，龚思奇突然发现前方一间小瓦房冒出一阵滚滚黑烟。黑烟与周围美丽的春色形成极大反差，看起来极不和谐。

王多智和朱小憨一看，也觉得有些蹊跷。开始的时候，他们以为那是一家农户发生火灾，仔细一看却发现有些不对劲，因为那股浓浓的黑烟是从一个烟囱冒出来的，并非意外着火。

怀着极大的好奇心，三个小伙伴悄悄靠近小瓦房。这时，他们闻到了一股浓浓的臭味，而且随着距离的拉近，臭味也越来越浓。

"老大，我们进去看看。"龚思奇直来直去，建议大家进去看个究竟。可当大家走近时，却发现小瓦房外的铁栅栏被一把铁锁紧紧锁着。

"黑烟、铁锁。这里面一定有不可告人的秘密。"龚思奇想要叫门，被王多智止住。王多智让龚思奇和朱小憨藏好自行车，蹲守在不远处的篱笆外："别出声，或许不久就会有线索。"

然而，一小时过去了，什么事情也没有发生。小瓦房四周也静悄悄的。

"莫非，这就是传说中的鬼屋？"朱小憨冷不防地扯了扯龚思奇的衣角，龚思奇吓了一大跳。王多智暗笑。

说话间，远处驶来一辆三轮车。三轮车径直在小瓦屋前停了下来。一个大胡子从小瓦屋走出来，大胡子探头看看四周无人，把三轮车让了进去。

半小时后，三轮车从小瓦房开了出来。大胡子赶紧锁上门。

"他们一定是在进行什么见不得人的交易。"王多智陷入沉思，"可是，是什么交易会产生黑烟，还要把地点设在这么偏僻的小村庄？"

"跟上！"王多智皱着眉头，果断地"命令"道。因为山路崎岖，且仅有一条道，所以他们很快就跟上了三轮车。一路追踪，三个小伙伴发现三轮车开进城区的一家餐馆，然后又开进另一家餐馆，一副急匆匆的样子。

"种种迹象表明，这辆三轮车正在进行着一项不法交易，譬如地沟油之类……报警！"因为王多智曾经看过与地沟油黑窝点有关的报道，觉得此情此景很像报道中说的，于是果断作出决定。

马警官接到报案，对乡村的小瓦房进行了仔细的搜查，结果果真如王多智所预料的那样——小瓦房是一个回收、处理地沟油的黑窝点。而那辆三轮车则专门负责收购地沟油和把炼制好的地沟油高价出售。

"这些人为了从中牟取暴利，无视消费者的健康，太可恶了！"龚思奇恨恨地说。

"由于在炼制地沟油的过程中，动植物油经污染后发生酸败、氧化和分解等一系列化学反应，产生了如砷、铅和黄曲霉素等致病、致癌毒素，如长期食用会致癌，对人体危害极大。"马警官带着警员逮捕了大胡子，并没收了赃物。

不过，令三个小伙伴疑惑不解的是，马警官一行并没有对所没收的地沟油进行集中销毁。

"难道这些地沟油还有用？"王多智问。

"为避免地沟油回流餐桌，科学家研制出了一系列地沟油循环利用的方案。譬如：用地沟油代替石油转化聚醚多元醇来制作保温材料；用地沟油再生产生物柴油；用地沟油制造有机肥、饲料等。"马警官笑着说。

"不浪费资源呀。"三个小伙伴明白过来，同时更对科学多了一份敬意。

超强 **大脑**

亲爱的科学小探迷们：请认真回忆故事中的细节，然后在不回看的情况下，试着回答下列问题。

① 可疑的"黑烟"从哪里冒出来？

② 发现地沟油案情后，谁果断作出报警决定的？

③ 马警官一行是否对所没收的地沟油进行了集中销毁？

1 为什么不能食用地沟油？

答：之所以不能食用地沟油，主要是因为地沟油在炼制的过程中，会产生砷、铅和黄曲霉素等多种毒素，人一旦食用这些毒素后，就会致病、致癌，严重损害健康。

2 地沟油可以循环利用吗？

答：可以。

停电之后

8.双层玻璃的秘密

　　星期天下午，王多智和朱小憨做完功课，相约去龚思奇家玩。他俩一进门，就发现龚思奇和爸爸忙着更换玻璃窗。

　　王多智和朱小憨以为龚思奇家的玻璃窗坏了，于是赶紧走过去帮忙，结果发现玻璃窗完好无损。王多智和朱小憨不明白龚爸爸为什么要这样做，不约而同地露出了惊异的表情。

　　"我把玻璃窗换成双层的。"龚思奇爸爸看出王多智和朱小憨的心思，于是慢条斯理地解释说。

　　"有钱真好！"王多智和朱小憨虽然嘴上这么说，心里却觉得龚思奇爸爸太奢侈。

　　"小家伙，我这也是为了节约呀！"龚思奇爸爸似乎看懂了王多智和朱小憨的心思，他哈哈大笑起来。龚思奇见状，也跟着乐。

　　"我们不信！"龚思奇爸爸和龚思奇越笑，王多智和朱小憨心里的疑问就越多。

　　"你们知道双层的玻璃窗有哪些好处吗？"龚思奇问。

　　"双层玻璃窗最大的好处就是能隔音。关上玻璃窗，外面的喧嚣和噪声几乎全被挡住。但这跟节约没有半毛钱的关系呀！"王多智说。

"其实，双层玻璃除了隔音之外，还可以节能。"龚思奇爸爸的话令王多智和朱小憨感到很费解。

"我们知道，热的传递方式有对流、传导和辐射。热空气上升，冷空气下降，通过循环流动使温度逐渐均匀，这个传递的过程就是对流；当我们加热一根金属丝的一端，另一端也会慢慢热起来，这就是热传导；物体因自身的温度，而具有向外发射能量的本领，叫作热辐射，太阳的热量就是以热辐射的形式传给地球的……"龚思奇爸爸索性停下手里的活儿，摆出一副要给大家上一堂科普课的架势。

"这些我们都知道。但这与节能有关系吗？"王多智和朱小憨迫不及待地问。

"生活中，上面说到的三种热传递方式普遍存在。一般情况下，普通建筑物的窗户是热量传递的主要通道。平常，热空气通过窗户玻璃形成热传导，太阳光辐射通过玻璃窗进入室内，而室内的热量也会通过玻璃窗将热量辐射到室外。"龚思奇爸爸说得头头是道。

"原来门窗对室内温度起着至关重要的作用呀。"王多智听出了端倪。

"对！而双层玻璃正是出于节能的目的而设计的。它由镶嵌在框架内的两片玻璃构成，两者之间相隔约为1.5厘米，中间的空隙处由空气或氩气等无毒气体填充，这就大大阻碍了热的传递。"龚思奇爸爸接过话茬。

"双层玻璃窗在夏天能阻止室外的热量进入室内，冬天又能阻止室内的热量溢出室外。如此一来，我们的居住环境就变得冬暖夏凉。随着启动空调次数的减少，节能和节约就理所当然啦。"龚思奇始终都保持着一种"先知先觉"的优越感。

"你对双层玻璃的认识还很少，别骄傲！"龚思奇爸爸斜眼看了看龚思奇。

"你之前只给我说了这些。"龚思奇尴尬地朝爸爸吐了吐舌头。

"双层玻璃不但能够节能，还能进行太阳能发电呢！"龚思奇爸爸滔滔不绝地向大家介绍着，"科学家在双层玻璃窗的表面分别涂上特制染料膜，这种染料膜能收集太阳能。之后，他们又在玻璃边缘安装太阳能电池板。这样一来，特制染料膜所吸收的太阳能就会慢慢传输到边缘的太阳能电池中，并随之转化成电能。"

"太不可思议啦！"三个小伙伴没想到双层玻璃还具有如此不可思议的功能。

"呵呵，双层玻璃还可以变身空调机呢。"龚思奇爸爸在选择更换双层玻璃之前，曾经了解过很多相关知识，所以说起话来也相当具有权威，"一名德国工程师研制出一种太阳能双层玻璃。这种玻璃看上去和普通双层玻璃窗没什么两样，但它却具有空调的功能。"

"竟有这种事？"大家充满好奇地问。

"这个'玻璃空调'由两片不同性能的玻璃组成。其中一片具有吸热功能，它能将热量转化成热辐射；另一片玻璃则具有散热功能。玻璃可旋转180度，按季节的不同变换功能，就像一台冷热两用的空调机，既能'制冷'又能'制热'。"龚思奇爸爸笑着说。

"真是了不起！"大家忍不住鼓掌。

"我希望更多的惊喜在未来……"龚思奇爸爸意味深长地看着三个小伙伴。

超强 **大脑**

亲爱的科学小探迷们：请认真回忆故事中的细节，然后在不回看的情况下，试着回答下列问题。

① 龚思奇家的玻璃窗坏掉了吗？

② 龚思奇家把玻璃窗取下之后，换上了什么玻璃？

科学侦探 大本营

① 单层玻璃与双层玻璃，哪个更为节能环保？

答：双层玻璃。

② 双层玻璃让居住环境冬暖夏凉的秘密是什么？

答：双层玻璃让居住环境冬暖夏凉的秘密，主要在于双层玻璃中间空隙处的空气或氩气等无毒气体大大阻碍了热的传递。如此一来，夏天室外的热量不能进入室内，冬天室内的热量又不会溢出室外，冬暖夏凉也就理所当然啦。

多雨的季节

9.蹊跷的水灾

太阳火辣辣地照着地面，一年中的酷热季节说到就到。城区的闷热让王多智萌生了骑车去郊区透透气儿的想法。于是，他邀约上龚思奇和朱小憨，骑着单车向郊区进发。

听着风在耳边呼呼作响，三个小伙伴感觉凉爽了许多。不久，他们来到一个陌生的小镇。这时，只见天空中突然乌云翻滚，雷声阵阵。

"看样子，暴风雨马上就要来了。"龚思奇说。

"这时候，往回走恐怕来不及了。为了安全起见，我们只能就近避雨！"王多智看看天色，斩钉截铁地作出决定。

三个人左看右看，想找一户人家避雨，却发现镇上的居民都忙着转移家具。

"爷爷，马上就要下雨了，你们搬家具干什么呢？"王多智拉住一位老爷爷，不解地问。

"镇上马上就要发大水了，我们得把家具搬到高处，减少损失呀。"老爷爷的语气显得很无奈。

夏季汛期来临，洪涝灾害在一些地区愈演愈烈。出行前，王多智他们特别收听了汛期消息，并没有听说最近有什么地方会发大水。那么，这些居民是从哪儿得到的消息？这个消息靠谱吗？对此，王多智一行既好奇又质疑。

为了弄清事情原因，王多智又叫住一位正在忙着搬东西的中年妇女，向她打探情况。令他意外的是，这位中年妇女似乎已经对发大水的事见惯不惊，她用极其肯定的语气告诉大家这个镇子每次下暴雨都会发大水，根本就不用听防洪办的预测。

"'不怕一万，只怕万一'，我们还是帮着搬东西吧！"王多智、龚思奇和朱小憨动手帮居民们搬起东西来。很快，大家干完了手头的活儿，在各家楼房的高处歇息。随着一阵电闪雷鸣，豆大的雨点滴落下来。不一会儿，镇上的大街小巷就积满了水。随着暴雨的继续，水越积越多——水灾果然"如期而至"了。

"为什么这个镇子只要一下暴雨就会发大水？"面对如此严重的洪涝，三个小伙伴的心情再也不能平静，他们决定一探究竟。

通过了解，王多智一行得知该镇的洪涝之灾是近几年才出现的。于是他们认为可以此为突破口，顺藤摸瓜揭开疑团："如果能弄清楚几年之前这里究竟发生了什么事，也许问题就会迎刃而解了。"

可是几年之前，小镇究竟发生了什么事呢？

王多智一行带着疑问，走访了小镇的居民，结果发现这几年镇上的工业发达了，经济上了一个新台阶，居民的生活水平稳步提高，许多居民修建了新楼房，住房条件也得到大大改善。

"一切迹象表明，镇上的各方面条件都在往好的方面发展。可这与发大水有关吗？"对此，大家一头雾水。

经过一番思索之后，大家猜测可能是小镇的下水道设置不当，造成了内涝。但经过逐一排查后，大家发现小镇的下水道与其他镇无异，于是排除了这种可能性。

紧接着，朱小憨想到低洼地带容易积水，猜想镇上的地势有问题。于是和王多智、龚思奇一起察看小镇的地势，结果发现处在下游的邻镇地势更低洼。如果说低洼地带积水造成水灾的话，那处在下游的镇更容易被水淹。但据了解，处在下游的镇子从没出现过类似的洪涝之灾。

"上游小镇与我们镇相隔虽然不远，但降雨次数却比我们镇密集得多，并且每次的雨量都很大……"住在下游镇的居民提供了一条线索。

同在一片蓝天下的两个镇子，距离也不远，为什么却下着不同的暴雨，这简直令人匪夷所思。大家把这件事报告给气象专家马叔叔。

马叔叔对小镇做了一番仔细的考察后，告诉大家："像小镇这种只有一块地儿降雨的现象其实是一种典型的雨岛效应，由于降雨量大、多，且密集，而排水管道修建得和其他镇差不多，所以这里的雨水来不及排放，才造成了内涝。"

"引起雨岛效应的原因是什么呢？"马叔叔的话对小伙伴们的启发很大。大家也不客气，紧紧追问。

"'雨岛效应'是指随着城市中高楼大厦密度不断增加，空气循环不畅，尤其一到盛夏，建筑物、空调、汽车尾气等加重了热量的超常排放，使城市上空形成热气流，热气流越积越厚，最终导致

降水形成的一种现象。这个镇子房屋林立，没有一点儿绿地——这正是雨岛效应高发的典型特征。"马叔叔刚才是通过对两个镇子的绿化环境对比，才发现原因的。

"闹了半天，原来是小镇的绿化没有搞好啊。"大伙的心情一点也不轻松。

"'雨岛效应'集中出现在汛期和暴雨之时，所以易形成大面积积水，甚至形成城市区域性内涝。研究表明，城市绿地具有缓解'雨岛效应'的能力，是改善城市'雨岛效应'的有效途径之一。"马叔叔说。

真相大白，王多智和两个好朋友把这件事的症结所在告诉了小镇的居民。居民们回想起当初只顾着改善居住条件，而忽略了绿化建设，惭愧万分，决定今后一定做好小镇绿化工作。

亲爱的科学小探迷们：请认真回忆故事中的细节，然后在不回看的情况下，试着回答下列问题。

❶ 出行前，王多智他们特别收听了汛期消息，收到水灾的预警了吗？

❷ 小镇果然发大水了吗？

❸ 请列举一条改善城市"雨岛效应"的有效途径。

1 哪些因素容易引发雨岛效应?

答：城市中高楼大厦密度不断增加，造成空气循环不畅；一到盛夏，建筑物、空调、汽车尾气等加重了热量的超常排放，使城市上空形成热气流。这些热气流越积越厚，最终导致了城市强降水。

2 为什么雨岛效应容易引发水灾?

答：由于雨岛效应的降水集中出现在汛期和暴雨之时，易形成大面积积水，所以容易引发城市区域性水灾。

朱小憨"卖垃圾"

10.太空有垃圾

"神舟十号"上天那阵子，王多智、龚思奇和朱小憨听说宇航员要在太空授课，于是一有时间就猫在网上，跟踪查看"太空情报"，巴望着能先睹为快。

最感兴趣的太空课在等待中到来了。那天，学校组织同学们像上课一样端端正正地坐在电视机前，王多智、龚思奇和朱小憨自然不敢大意，目不转睛地瞪着电视。

"太空老师"的课上得有声有色，同学们大气不敢出，聚精会神地看着。提问的时候，大家听到一位同学问太空老师是否遇到太空垃圾，只听太空老师给出了否定的回答。那位同学听后，松了一口气。

那么，太空垃圾是什么，有这么危险吗？有没有好办法能把太空垃圾清扫呢？几乎在同一时刻，王多智、龚思奇和朱小憨都在心里寻思开了。

班主任方老师是一个太空迷，常常给同学们说起太空的趣事。王多智他们心想方老师说不定知道得更多，于是大踏步向他的办公室走去。

"呵呵，你们算问对人了。太空垃圾又叫空间碎片或轨道碎片，它是由宇宙空间除正常工作着的航天器以外的人造物体，包括运载火箭和航天器在发射过程中产生的碎片；航天器表面材料的脱落，表面涂层老化掉下来的油漆斑块；航天器遗漏出的固体、液体材料；火箭和航天器爆炸、碰撞过程中产生的碎片。"方老师正在看太空飞船的模型，他热情地接待了大家。

"谁是垃圾制造者呢？真可恶！"王多智托着下巴，若有所思地问。

"太空垃圾中只有一小部分是宇宙飞船的一些部件，如过渡舱、密封舱、散落的各种仪器的残骸，大部分源于空间爆炸。有的空间爆炸是偶发事件，如飞船在轨道爆炸抛出大大小小的残骸，多数空间爆炸实属某些人蓄意造成的。换言之，太空垃圾其实就是人类探索宇宙的过程中，被有意无意间遗弃在宇宙空间的各种残骸和废物。"方老师有点遗憾地说道。

"难道我们应该减少去太空的机会吗？"龚思奇总在大家不注意的时候，发出自己的奇谈怪论。但很明显，她的方案是最不可行的。

"解铃还须系铃人。目前，各国科学家也没有闲着，他们已经研制出了一系列清扫太空垃圾的方法。"方老师告诉大家。

"有些什么方法？"三个人看到了希望。

"譬如，美国从地面发射一束激光照射空间碎片，利用激光产生的光压使空间碎片减速和改变方向；英国萨里大学科学家们发明了'太空清道夫'卫星，一旦侦查到太空垃圾，它便依附在垃圾上，将其推到大气层，然后一起烧毁，同归于尽。"方老师说。

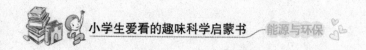

"方老师的话让我们受益匪浅，太感谢啦！"得到了满意的答案，大家忍不住抬头看天。此刻，他们的心早已飞向浩瀚的宇宙空间……

 超强 **大脑**

亲爱的科学小探迷们：请认真回忆故事中的细节，然后在不回看的情况下，试着回答下列问题。

① 太空老师遇到过太空垃圾吗？

② 太空垃圾是谁遗弃的？

③ 目前，人类有没有办法清扫太空垃圾？

 科学侦探 大本营

① 请列举几种太空垃圾？

答：运载火箭和航天器在发射过程中产生的碎片；航天器遗漏出的固体、液体材料；火箭和航天器爆炸、碰撞过程中产生的碎片等。

② 为什么太空垃圾具有巨大的杀伤力？

答：因其飞行速度极快，故隐藏着巨大的杀伤力。

第二辑

朱小憨的钓鱼妙方

1.海面上的死鱼

　　暑假，王多智、龚思奇和朱小憨三个家庭组成一支旅游团队，乘上了出海的客轮。烈日下，客轮划破海波，向海洋中心驶去。大人们围在空调房间一边喝着冰红茶，一边天南海北地聊开了。

　　王多智、龚思奇和朱小憨三人不顾烈日烘烤，在甲板上嬉戏追逐。渴了，他们就喝汽水；累了，他们就坐在沙滩椅上休息。

　　"快看，海面上有一条死鱼。"突然，龚思奇看到远方漂来一条死鱼。她像发现新大陆一样，惊声尖叫起来。

　　"莫非那条鱼是被热死的？"朱小憨看看烈日当头，说。

　　"鱼在海中，受不到烈日的烘烤。你有点儿逻辑思维好不好？"王多智正色道，"它应该是患上疾病，才遇难的。"

　　"看，那边又漂来几条死鱼。"说话间，远处又漂来几条死鱼，于是王多智更加肯定自己的猜测，"看来，这应该还是一种传染病。"

　　"这片海域时有死鱼漂浮。但并非死于疾病，而是另有原因呀！"不知什么时候，几位爸爸也走到甲板上。王爸爸率先说。

　　"难道有坏人下毒？"朱小憨脱口而出。

　　"偌大一片海域，要多少毒药才能毒死这几条鱼？"王多智立刻否定了朱小憨的猜想。

"若是化学物中毒，鱼一般出现或冲撞、跳跃，或暗浮在水面下的情况，尸体的体表及鳃部有污染附着物，可是这些死鱼并没有这样的症状。如果是重金属中毒，鱼鳃会分泌大量黏液，可是这些死鱼也没有出现类似情况……"王爸爸和王多智的观点始终保持一致。朱小憨把眼光看向自己的爸爸，希望得到"援助"。

"我们仔细看看那些死鱼，不难发现它们呈浮头状态，这应该是缺氧的症状。"朱爸爸笑着说。

"氧气是我们人体不可缺少的气体。当人体缺少氧气时，将会产生各种病变，严重时甚至会死亡……如此说来，这些鱼应该是由于缺氧而死亡的。"朱小憨一下子明白过来。

"可是，它们怎么会缺氧呢？"龚思奇、王多智似信非信。朱小憨则坚持自己的观点，还露出一副胜券在握的表情。

"溶解在海水中的氧气，主要是由大气和海洋中的浮游植物通过光合作用而产生。一般情况下，这些溶解在海水中的氧气足够为各种海洋动物提供呼吸所需。一旦海水中的氧气大量减少，这些海洋动物将会面临无氧气可用的危险，导致它们无法呼吸，进而导致大量死亡，严重危害海洋生态系统的平衡。"王爸爸给出答案。

"科学家发现，人类活动引发的环境问题与之密不可分。随着工业的发展，人类生产和生活排放出的氮、磷等污染物会通过各种渠道汇聚入海。由于这些污染物是海洋中的浮游生物生长所必需的营养元素，浮游植物在如此富足的营养环境中，会快速大量地繁殖。当过度繁殖的浮游植物和以浮游植物为生的其他浮游生物死亡

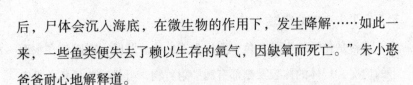

后，尸体会沉入海底，在微生物的作用下，发生降解……如此一来，一些鱼类便失去了赖以生存的氧气，因缺氧而死亡。"朱小憨爸爸耐心地解释道。

"目前，世界上许多海域都发生了类似情况。譬如黑海、墨西哥湾，我国长江口外也出现过类似的情况。"王多智爸爸补充道。

"又是环境问题。"听完两位爸爸的话，王多智、朱小憨和龚思奇都陷入了沉思。

超强**大脑**

亲爱的科学小探迷们：请认真回忆故事中的细节，然后在不回看的情况下，试着回答下列问题。

❶ 谁最先看到远方漂来一条死鱼？

❷ 谁猜测鱼是被热死的？

❸ 鱼的真正死因是什么？

科学侦探 大本营

❶ **是谁让海洋出现了"缺氧症"？**

答：是人类。因为人类生产和生活排放出的氮、磷等污染物，汇聚入海，导致浮游植物过度繁殖，其尸体沉入海底降解后，才让海洋出现了"缺氧症"。

❷ **缺氧而死的鱼会呈现出一种什么状态？**

答：浮头状态。因为它们想从海水中探出头，努力呼吸新鲜空气。

抓住朱小憨

2.不能吃的海鲜

过生日那天，王多智请龚思奇和朱小憨去附近的小吃街大吃了一顿。回家后不久，三个人同时出现了头晕、恶心、腹痛、腹泻等症状。家长们见势不妙，立刻把他们送进医院。经过一番仔细的检查后，医生发现他们食物中毒了。

"怎么可能呢？"三个小伙伴无法想象食物中毒的事件会发生在自己身上。

"你们中了一种名为裸甲藻的毒素。这种毒素的毒性很强，幸亏你们及时就医，要不然后果不堪设想。"医生不是危言耸听。

"可是，毒从哪里来呢？"由于三个小伙伴"尝"了几家小吃店的风味，所以一时之间不知道问题究竟出在哪一家。

"这应该与海产品有关。"医生话音未落，又一批具有相同病症的患者入院了。王多智认出这些病人也吃了海鲜烧烤，于是猜测问题可能出在烧烤摊。

为了弄清事情真相，三个小伙伴跃跃欲试。龚思奇爸爸考虑到他们必须接受输液治疗，于是打电话请龚思奇的舅舅李警官去调查此事。

李警官是个尽职尽责的警官，对龚思奇这个外甥女也是宠爱有加，他一听说龚思奇中毒了，立刻接下了这起"案件"。在最短的时间内，他抽取了烧烤摊的海鲜样品，提交到化验室进行化验。结果显示：海鲜产品中的花蛤有问题。

紧接着，李警官又对烧烤摊主展开调查，结果几小时就"结案"了。李警官兴致勃勃地来到医院，给大家"汇报"工作。

"烧烤摊主为了贪图便宜，收购了流动商贩的非法花蛤。我们对那些价格便宜的花蛤进行了化验，结果发现其消化系统内含有大量裸甲藻。你们就是吃了那些花蛤做成的烧烤，才导致中毒的。"李警官已经对摊主做出了相应的处罚。

"以前，我们吃花蛤没事。怎么这次就出了事呢？"龚思奇不明白花蛤的毒素从何而来，于是问。

"裸甲藻是赤潮生物中一种毒性很强的藻类。由此，我断定花蛤来自赤潮之后……美味的海鲜总是让人垂涎欲滴，但是当肥美的鱼虾、鲜嫩的贝类遭遇赤潮以后，就会变成一种灾难。这是因为赤潮发生后，一些鱼类吞食了赤潮生物，有的因为呼吸器官堵塞而死亡，有的则因为吃了有毒藻类而中毒死亡。这些死去的鱼类又继续放出毒素，毒害其他生物。同时，高度密集的赤潮生物还会引起贝类的大批死亡。如果人们误食了被赤潮污染的鱼和贝类，就会对健康造成危害……由于经过赤潮侵害的海产品不易直接辨别，因此给市场销售带来了麻烦。"李警官在来之前就已经查了很多资料，所以说起话来也是胸有成竹，"1986年12月，福建省东山县就因为有人食用了赤潮海域的花蛤，造成了136人中毒，1人死亡。所以，我们吃海鲜应该购买经过检疫的海产品。"

"都是赤潮惹的祸！"王多智、龚思奇和朱小憨齐声叹道。

"确切地说，罪魁祸首还是我们人类。"李警官顿了顿，接着说。

"赤潮是什么？怎么能和我们人类扯上关系呢？"这话令大家感到莫名其妙。

"2000年5月的一天清晨，一艘客轮从大连驶向上海，当客轮驶到长江口外的一片海域时，一位乘客为了看海上日出，走上甲板，他发现湛蓝的海水变成了橙红色，大海变成了一片'红海'。这种让海洋大变'脸色'的现象就是赤潮。"李警官生怕大家不明白，打着比方说。

"好好的海水，怎么说变就变？"龚思奇瞪大眼睛。

"'赤潮'是一种由某些浮游藻类暴发性繁殖引起的水体变色现象，被喻为'红色幽灵'，国际上也称其为'有害藻华'，它是海洋生态系统中的一种异常现象。赤潮是在特定环境条件下产生的，相关因素很多，但其中一个极其重要的因素是海洋污染。"李警官说。

"看来，人类还真脱不了干系！"大家觉得李警官言之有理。

"随着现代化工、农业生产的迅猛发展，沿海地区人口的增多，大量工农业废水和生活污水排入海洋，其中相当一部分未经处理就直接排入海洋，导致近海、港湾营养化程度日趋严重。大量含有各种氮有机物的废污水排入海水中，促使海水营养化，这是赤潮藻类能够大量繁殖的重要物质基础。同时，由于沿海开发程度的增高和海水养殖业的扩大，也带来了海洋生态环境和养殖业自身污染

的问题。"李警官感到忧心忡忡。

"没想到爱护环境，也是爱护健康啊！"三个小伙伴感叹道。

 大脑

亲爱的科学小探迷们：请认真回忆故事中的细节，然后在不回看的情况下，试着回答下列问题。

❶ 王多智、龚思奇和朱小憨是什么时候出现了头晕、恶心、腹痛、腹泻等症状的？

❷ 王多智、龚思奇和朱小憨中了什么毒？

❸ 大海变成红色是什么现象？

 科学侦探 大本营

❶ **产生赤潮的原因很多，海洋污染算不算？**

答：海洋污染是造成赤潮产生的一个极其重要的因素。

❷ **除了人为原因而外，赤潮的发生还与哪些因素有关？**

答：除了人为原因外，赤潮多发还与海水的温度、纬度位置、季节、洋流和海域的封闭程度等自然因素有关。

一个塑料瓶

3.湖心岛上的死雏鸟

一个阳光明媚的日子，科学小分队的三个小伙伴王多智、朱小憨和龚思奇驾着一叶小舟，荡漾在湖心。

清风拂面，令人心旷神怡。

"快看，那是什么？"当小舟驶近湖心岛时，龚思奇指着岛上的小白点，让朱小憨和王多智看。

"可能是谁留下的垃圾吧？"王多智和朱小憨仔细一看，发现岛上有星星点点的白色"不明物"。因为小岛的面积不足百平方米，时不时有人上小岛玩耍，所以他俩猜有人不小心落下了垃圾。

"你们快看，那些东西还在蠕动。"龚思奇指着"不明物"，坚持要上岛去看看。王多智和朱小憨拗不过她，只得把小舟靠岸。

踩着岛上松软的泥土，三个小伙伴往前走了一会儿，就看清楚了那些"不明物"的真实面目——几只白鸽幼鸟的尸体。而刚才蠕动的"白点"，其实就是一只雏鸟在做垂死挣扎。

"为什么只是雏鸟死亡？"龚思奇想到它们有可能是被成鸟抛弃的幼仔。可是，当他们继续前行时，发现岛上不仅只有这几具雏鸟的尸体，细细一数，将近二十只。

"难不成白鸽妈妈全都把自己的孩子抛弃了？"很快，龚思奇的猜测就被王多智和朱小憨否定了。不过，他们从雏鸟死亡数量上，猜想鸟们可能是因为食物匮乏引发相互争斗，而导致死亡。

为了验证这个猜想，三个小伙伴对雏鸟的尸体做了一番仔细的检查。奇怪的是，雏鸟身体上没有外伤，而且死亡现场也毫无打斗的痕迹。由此，他们排除了因为食物匮乏发生打斗而导致死亡的猜想。

"奇怪，它们的肚子怎么都是胀鼓鼓的呢？"突然，王多智把注意力停在雏鸟们的肚子上。他陷入了沉思。

"难不成是吃撑了？"龚思奇惊叫一声。

"不一定，但问题一定出在肚子上。"王多智若有所思地捡起几只死雏鸟，快步向小舟走去。龚思奇和朱小憨不明白队长究竟要干什么，但深信他这样做必定有道理，于是屁颠屁颠地跟在后面。

三个小伙伴划着小舟，回到学校的实验室。

"蒲老师，请您解剖一下这只小鸟。"王多智请来生物老师，解剖了带回的雏鸟。结果发现雏鸟的腹中，有很多根本无法消化的塑料碎片、泡沫、塑料膜以及无数无法辨别的塑料制品。

"小鸟怎么会吃下这么多的塑料垃圾？"为了弄清真相，王多智和龚思奇、朱小憨潜伏在小岛上，观察白鸽妈妈们的一举一动。不久，他们发现白鸽妈妈们飞到湖面上，叼走了漂浮在湖面上的那些五颜六色的塑料垃圾，将它们带回岛上喂食幼鸟。

"原来，它们误以为这些塑料是食物。在无法辨别的情况下，幼鸟吞食了这些'塑料食物'，结果'塑料食物'不但无法消化，也无法排泄出体外……更为严重的是，一些硬的塑料制品甚至还会割伤它们的内脏。"三个小伙伴看到眼前这一切，心里有种说不出的难受。

三个小伙伴划着小舟向上游逆行。很快，他们看到一处垃圾倾倒场，各种生活垃圾被倾倒进湖水，食品包装、泡沫塑料、快餐盒、农用地膜等塑料垃圾顺着水流向下游漂去……

"湖心岛位于湖心，恰好阻挡了塑料垃圾往下游流动……要是能解决塑料降解的问题就好了。"三个小伙伴终于明白了问题的症结所在。

"近日，美国斯坦福大学和北京航空航天大学的研究人员在实验室观察到，黄粉虫可以吞食和完全降解塑料，他们已在黄粉虫体内分离出靠聚苯乙烯生存的细菌，并将其保存。这项研究不仅首次为微生物降解塑料提供了有力的科学证据，也为开发生物降解聚苯乙烯塑料制品的技术提供了全新思路。"王多智启动手机"百度模式"，搜索出了一条信息。

"但更重要的一点，还是要遏制人类活动及不负责任的倾倒行为。"龚思奇补充道。朱小憨和王多智重重地点点头。

大脑

亲爱的科学小探迷们：请认真回忆故事中的细节，然后在不回看的情况下，试着回答下列问题。

① 湖心岛上的"不明物"是什么？

② 三个小伙伴依据什么线索，排除了雏鸟因为食物匮乏发生

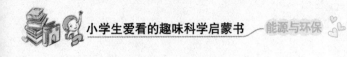

打斗而导致死亡的猜想的?

❸ 为什么死雏鸟的肚子胀鼓鼓的?

❶ 为什么塑料被称为白色污染?

答：塑料是一种以合成的或天然的高分子化合物，因在自然条件下不易降解，所以才被称为"白色污染"。

❷ 塑料的危害主要有哪些?

答：塑料的危害主要在于"视觉污染"和"潜在危害"两个大的方面：一方面，在城市、旅游区、水体和道路旁散落的废旧塑料包装物给人们的视觉带来不良刺激，影响城市、风景点的整体美感，破坏市容、景色，由此造成"视觉污染"。另一方面，因其不易降解，在自然界停留的时间也很长，还会造成侵占土地过多、污染空气、污染水体、火灾隐患以及长期的、深层次的潜在生态环境问题。

好热的天

4.城市里的"热岛效应"

暑假，高温天气持续不断。大街小巷热气腾腾，仿佛快要燃起来。

龚思奇、朱小憨和王多智成天窝在空调屋里，大门不出二门不迈。王多智的爸爸要去郊区考察，他建议大家去郊区消夏。

"难道你忍心让我们跟着你受罪？"因天气热，王多智的心情显得有些烦躁。

"如果郊区不凉快，我就把你们送回来。"王多智爸爸一本正经地对三个小伙伴打着包票。

话说到这份上，三个小伙伴也不好推脱。他们心想，去郊区散散心也好，于是怀着试一试的心态，乘上了王多智爸爸的车。

经过半小时的颠簸，王多智爸爸把大伙带到郊区。大家惊奇地发现，郊区果然不像市中心那样热，偶尔还有丝丝凉风吹过。

"这里和市区受着同样的太阳光辐射，为什么却要凉快得多？"感受着凉爽的天气，大家的心情逐渐舒缓，好奇的问题随之蹦出。

"在炎热的夏季，中心城区的最高气温通常要比郊区高几摄氏度，极端高温天数也要比郊区多出数天……城市中心区的气温明显地高于外围郊区，使它就像一个突出于海面的岛屿，因此这种现象被形象地称为'城市热岛效应'。"王多智爸爸拿出帐篷，带着大家开始安营扎寨。

"那么，为什么会有'热岛效应'呢？"大家齐声问。

"现代城市高楼大厦鳞次栉比、车辆人群川流不息，可钢筋水泥堆砌而成的城市，在一定程度上破坏了大自然的生态法则。在城市里，与大气层直接接触的多是房屋、道路等各种各样的建筑物。这些建筑物不仅十分容易吸收热量，而且它们的热容量也很小。如此一来，即使在相同强度的太阳辐射下，城市里各种建筑物要比郊区绿地、水面等升温更快。"王多智爸爸无奈地回答。

"可郊区也有建筑物呀！"龚思奇冒出一句。

"城市的集中建筑物犹如一堵堵挡风的墙，阻碍着热量散发。由于吸热多、散热慢，使得整个城区就像一个特大的烤箱。相对而言，郊区建筑物没有城市建筑那样集中，由于吸热少，散热也快，所以气温当然低一些。"王多智爸爸拿帐篷做比喻。

三个小伙伴明白过来，对王多智爸爸佩服地点点头。

"其次，城市中各种人工热源也加剧了城市热岛的形成。譬如工业生产、交通运输、社交娱乐以及居民生活所需的各种能源与日俱增，日日夜夜都在向大气排放大量的热量。而越来越密集的城市人口使得诸如空调、汽车等高能耗设备剧增，它们就像一个个'小太阳'一样，把周围的空气烤热……"王多智爸爸接着说，"最值得注意的是，机动车、工业生产排放的大量氮氧化物、二氧化碳和粉尘等污染物，这些物质就像一个无形的'玻璃罩'，给'热岛'

火上浇油。"

"可不可以让'热岛'冷却下来？"三个小伙伴想得更多的是能让市区也变得凉爽。

"由于'热岛'吸热快，散热慢，所以想要冷却它，必须科学合理地规划城市建设和设计，给城市留足'通风道'，以便于建筑群的热量快速传递和散发。譬如：要统筹规划公路、高空走廊和街道等温室气体排放较为密集的地区的绿化，营造绿色通风系统，把市外新鲜空气引进市内，以改善小气候。同时，还要大力推进城市绿化工程，营造一系列由公园、水景、湿地、公共绿地和林木隔离带等组成的绿色生态环境。"王多智爸爸说。

"选择高效美观的绿化形式，包括街心花园、屋顶绿化、墙壁垂直绿化及水景设置，不但可以降低热岛效应，还能让我们获得清新怡人的环境。"王多智附和着说。

"降温的关键还在于节能减排？"朱小憨联想起王多智爸爸提过机动车排放气体所造成的污染，于是接过话茬。

"对！另外，要想打造具有隔热和遮光结构功能的建筑物，还可以给建筑物的外表涂上一层吸热率低的浅色涂料，用以反射和遮蔽太阳光的辐射。"王多智爸爸补充说。

"将来，我们一定要把城市也变得和郊区一样的凉爽！"大家继续搭帐篷，他们决定在郊区多住些日子。

超强 **大脑**

亲爱的科学小探迷们：请认真回忆故事中的细节，然后在不回看的情况下，试着回答下列问题。

① 谁要去郊区考察，还建议大家去郊区消夏？

② 经过半小时的颠簸，王多智爸爸把大伙带到郊区。这时候，大家有了怎样的发现？

③ 人类能采用一些方式给城市降温吗？

科学侦探 **大本营**

① **城市中心区的气温明显地高于郊区的现象，叫什么效应？**

答：这种现象叫作城市热岛效应。

② **产生热岛效应的主要原因是什么？**

答：产生热岛效应的主要原因是城市集中的建筑物阻碍了热量散发，造成市区吸热多、散热慢。

朱小憨买镉米

5. "镉米"风波的背后

西村的人种稻谷，成片成亩地种。每到稻米交易的时节，一些生意人就会开着大卡车去收粮，场面甚是热闹。

王多智的小姑是西村人，也种稻谷。为了让朱小憨和龚思奇长长见识，同时也炫耀下自己的"劳动模范"小姑，王多智在西村进行稻米交易的当天，邀约龚思奇和朱小憨一起去西村。

小姑让三个小伙伴帮忙照看稻米袋子，自己则拿着稻米样品和其中一位生意人谈价格。可没想到的是，那位生意人看看小姑的稻米样品后，拿出一台检测仪，对小姑的稻米样品做了一番检测，随即作出了拒绝收购小姑稻米的决定。

一宗生意没谈拢，小姑又去找另外的生意人，结果得到同样的答复。没等大家回过神，西村人的稻米都遭遇了被拒收的"待遇"。

"你们这是唱的哪一出戏？"西村人不明白自己辛辛苦苦种出来的稻米，为什么无缘无故被拒收，觉得很委屈。

"你们的稻米有毒，我们不能买。"一个留着络腮胡的生意人直言不讳地说。

"我们又没有下毒，稻米怎么可能有毒？"西村人义愤填膺。

王多智、龚思奇和朱小憨的心里也疑虑重重。

"你们的稻米表面看起来没什么特别，它却是地地道道的镉米。"生意人们摇摇头，开着大卡车去了别的村落。

"镉米？"王多智似乎想起了什么。

"镉米是镉成分严重超标的米。镉是一种在自然界含量极少的重金属元素，一般不会影响人体健康。但超量的镉进入人体后，会对人体造成严重危害，尤其对人体的骨骼、肾脏造成伤害。如果长期食用'镉米'，可引起'骨痛病''软脚病'等病症，严重时会导致持续的'骨痛病'，甚至中毒死亡。所以，镉米不能吃。"朱小憨拿出手机，开始查证资料。

"我们的稻田好好的，镉从何而来？"看着成堆的镉米，小姑急了，西村的所有人也急了。

三个小伙伴更是不知所措。

"以前出现这种状况没有？"良久，王多智摆出一副大侦探的架势，开始追根溯源。

"镉米事件是今年才发生的。"西村人肯定地说。

王多智计上心来，他围着西村走了一圈之后，指着西村上游一家新建的化工厂，郑重其事地告诉大家，那就是问题的症结所在。

"化工厂的人从没到西村来，怎么可能下毒呢？"龚思奇不以为然。

"这家化工厂从事矿物冶炼，在产品制取过程中产生了很多废渣、废水、废气等物质，这些物质中含有较高浓度的镉，它们未经有效处理就排放到环境中。由于这家厂处在西村上游，才导致西村的水域受到污染。在不知情的情况下，西村人通过灌溉等途径让镉逐渐渗入农田，这才导致稻米中集聚了大量的镉……"王多智把被污染的水样带到市区水样化验室。化验员化验水样之后，证实了他的推测。

"找化工厂赔偿我们的损失。"西村人的呼声高涨。

令大家没想到的是，化工厂的老板对此事置之不理。为此，西村人把化工厂告上了法庭。

通过审判，法院判化工厂停工整改，并赔偿西村人的全部损失。这个结果令西村人略感欣慰。三个小伙伴也替小姑松了一口气。

"事实上，'镉米'风波的背后，是严重的土壤污染问题。除了镉等重金属外，有机农药、石油类产物等也会造成土壤污染。当土壤中有害物质的量超过自身的净化和修复能力时，就会引起土壤性质变化，并通过食物链富集最终被人体吸收，严重危害人体健康。"法官侃侃而谈。

"土壤污染的原因很多，包括污水灌溉、大气沉降及固体废弃物的倾倒或者填埋等。生活污水和工业废水中往往含有较多氮、磷、钾等成分，这些都是许多植物需要的养分，所以合理地利用污水灌溉农田，一般有增产效果。但污水中常常还含有许多重金属、氰化物等有害物质，如果没有经过安全处理就直接用于农田灌溉，会对土壤造成污染，影响植物生长。"王多智启动手机"百度模式"。

"由于土壤污染往往具有隐蔽性和滞后性，污染物通常看不见、摸不着，其严重后果往往要到数年甚至数十年之后才能显现。因此，要避免'镉米'事件重演，最重要的是要严格控制排污，从源头上防止土壤被污染。"法官的面色凝重。

"保护环境，人人有责！"三个小伙伴由衷地说。

超强 **大脑**

亲爱的科学小探迷们：请认真回忆故事中的细节，然后在不回看的情况下，试着回答下列问题。

1 西村人辛辛苦苦种出来的稻米，为什么被拒收？

2 镉米问题的症结在哪儿？

1 **土壤污染的原因是自然的，还是人为的？**

答：土壤污染的原因是人为的。

2 **如何避免土壤污染？**

答：要避免土地污染事件，必须严格控制排污，从源头上防止土壤被污染。

酸雨来袭

6.面目全非的石雕

国庆节期间，朱小憨打算去二姨婆家玩。龚思奇和王多智打听到他的"动向"，立刻要求加入。因为乡下没有其他的小伙伴，朱小憨欣然答应了他俩的要求。

朱小憨的二姨婆家住在很远的一个乡镇，三个小伙伴转了好几次车才到她家。只见那里依山傍水，风景秀丽。

"我好喜欢这里的僻静。"龚思奇伸出双手，要拥抱大自然。

"我也是。"王多智说。

"等会儿，我带你们去开开眼界。"朱小憨见龚思奇和王多智都喜欢这儿，心里的自豪感油然而生。

"开什么眼界？"龚思奇怪叫。

"到时候你就知道啦！"朱小憨把行李往二姨婆家一丢，就出了门。他和龚思奇、王多智走过一段竹林小道，来到一座石拱桥旁。

朱小憨站在石拱桥上，东瞧瞧、西望望，然后停下脚步，一脸的疑惑。

"难道，这就是让我们大开眼界的事儿吗？"龚思奇快人快语，想到什么说什么。

　　"石雕，石雕去哪儿了？"朱小憨记得几年前来二姨婆家的时候，曾经看到桥头伫立着一尊精美的石雕，很漂亮。这就是他要让龚思奇和王多智大开眼界的事儿，可眼下石雕却没了踪影。

　　龚思奇和王多智一听，也向四下张望，结果也没有看见朱小憨所说的石雕。他们见朱小憨一本正经的表情，知道他没有撒谎："石雕不在的原因有很多，回家问问二姨婆不就清楚了。"

　　二姨婆带着大家来到石拱桥附近，指着一尊满目疮痍的石头，说那就是朱小憨之前见过的石雕。

　　"明明是很精美的石雕，为什么会变成石头？"朱小憨不信。

　　"不久前，大家才将这尊石雕搬到了这儿。"二姨婆无奈地摇摇头。恰好，一个村民路过。村民也给出了和二姨婆一样的答案。

　　好端端的石雕，为什么会变得面目全非？三个小伙伴想到石雕可能遭到了坏人的破坏，但二姨婆否定了他们的猜测。

　　王多智从背包里取出放大镜，对石雕进行了一番仔细地观察，他发现石雕的表面呈现出一种松软的状态，轻轻一碰，石雕表面的石灰还会大块剥落。很明显，石雕的损毁并非来自外力。

　　"这几年，石雕经历了日晒雨淋，才逐渐变成这样的。"二姨婆对石雕的损毁情况很清楚。

　　"石雕质地坚硬，怎么也怕日晒雨淋？太阳、雨水竟然如此厉害？"二姨婆的话，让大家好奇的神经立即兴奋起来。

　　"尤其是一种特殊的雨水，更加剧了石雕的'毁容'。"二姨婆的脸色很阴沉，"这种雨水叫酸雨。"

　　"雨还有酸的？"龚思奇怪地叫道。

"酸雨是指pH值小于5.6的雨雪或其他形式的降水，具有强烈的化学腐蚀作用。酸雨降落在石雕上，石雕表面的岩石就会被酸性物质侵蚀，并发生化学反应，原本坚硬的表面就会变得松软。长年累月，石雕的表面就会变得松软，出现裂纹，并逐渐大块剥落，成了现在这个样子。"不知什么时候，王多智已经启动了手机的"百度模式"。

"酸雨真可恶！"看着面目全非的石雕，龚思奇和朱小憨对酸雨这个罪魁祸首更加深恶痛绝。

"酸雨危害大。酸雨降落到河湖，会使河湖水酸化，影响鱼类生长和繁殖，乃至大量死亡；酸雨降落到土壤，会使土壤酸化，危害农作物或森林生长，并进而危害人体健康。"二姨婆把这些年她见过的事儿，一股脑儿说了出来。

"我们要遏制酸雨！"龚思奇和朱小憨义愤填膺道。

他俩抢过王多智的手机，查找酸雨的成因。结果发现酸雨竟来自人类的活动："酸雨是工业高度发展而出现的产物，由于人类大量使用煤、石油、天然气等化石燃料，燃烧后产生的硫氧化物或氮氧化物，在大气中经过复杂的化学反应，形成硫酸或硝酸气溶胶，或为云、雨、雪、雾所吸收，降到地面而成。"

"所以，防治酸雨最根本的途径是减少人为硫氧化物和氮氧化物的排放。人为排放的二氧化硫主要是由于燃烧高硫煤造成的。因此，研究煤炭中硫资源的综合开发与利用，是防治酸雨的有效途径。"王多智仿佛看到了希望。

超强大脑

亲爱的科学小探迷们：请认真回忆故事中的细节，然后在不回看的情况下，试着回答下列问题。

① 国庆节的时候，谁打算去二姨婆家玩？

② 石雕变成了什么？

③ 谁毁了石雕的"容"？

① 酸雨是人类大量使用哪些燃料，经过化学反应而形成？

答：煤、石油、天然气等化石燃料。

② 防治酸雨最根本的途径？

答：防治酸雨最根本的途径是减少人为硫氧化物和氮氧化物的排放。

不能打，不能打

7.蟹壳有秘密

国庆假期，王多智邀请朱小憨和龚思奇到他家玩。

午饭时间，王多智爸爸带着他们去了一家新开的"螃蟹馆"吃大餐。

看着一盘盘红彤彤的螃蟹端上桌，三个小伙伴不禁胃口大开。不一会儿，他们面前就垒起了一座座"蟹壳山"。正当大家准备把蟹壳扔掉时，老板过来了。他把蟹壳装进了一个小口袋，还请求大家把其余的蟹壳也留下来。

"难不成蟹壳还可以吃？"三个小伙伴只想吃蟹肉，不想吃蟹壳，他们有些抱怨地叫道。

"不要小看这些蟹壳，它的秘密可大了！"王多智的爸爸看着小家伙们的吃相，忍俊不禁地笑道。

"啊？"三个小伙伴停住吃，有些惊讶地看着王多智爸爸。

"蟹壳里含有一种名叫甲壳素的成分。甲壳素又叫甲壳质、几丁质，是自然界中迄今为止被发现的唯一一种带正电荷的动物纤维。"王多智爸爸拿起一块蟹壳，津津有味地开始了讲解。

"留着它有什么用呢？"三个小伙伴一听，好奇的神经立刻兴奋起来。

"甲壳素的应用很广泛。首先，由于甲壳素具有抗癌，抑制癌、瘤细胞转移，提高人体免疫力及护肝解毒作用，所以它可以在医学领域大展拳脚。医学家们从蟹壳中提取甲壳素，用于改善消化吸收机能，降低脂肪及胆固醇、降低血压、调节血脂、促进溃疡的愈合以及增强免疫力等方面。"王多智爸爸说，"由于甲壳素的分子结构中带有阳离子，因而对带负电荷的各类物质具有强大的吸附作用。同样，它也能对人体内的'垃圾'进行清除，达到预防疾病、延年益寿的目的。"

"原来，螃蟹壳也能做成药！"龚思奇像看见宝贝似的把一块蟹壳藏进衣兜。

"在工业上，甲壳素可做纺织品防霉杀菌除臭剂，用于制造布料、衣物、染料、纸张和水处理等；在农业上，甲壳素可做杀虫剂、植物抗病毒剂；渔业上可做养鱼饲料、化妆品美容剂、毛发保护以及保湿剂等。"服务员接过话茬。

"那我们就多养殖些螃蟹。"三个小伙伴没想到平凡的蟹壳竟然如此宝贵，异口同声地说。

"除螃蟹之外，还有很多动物富含甲壳素。"原来，这个螃蟹馆除了开食馆之外，还向药品公司提供生产甲壳素的原料。

"我们可以参观一下吗？"此时，三个小伙伴对知识的渴求已超过了品尝美味的蟹肉。

看着三张求知欲旺盛的面孔，服务员没有理由推辞，她高兴地带他们去了螃蟹馆的养殖基地。在那里，大家看到很多虾、蜈蚣、蜘蛛、蝎子等。

"难道它们也富含甲壳素？"大家没想到会看到这么多小动物。

"这里看到的仅仅是节肢动物门中含有甲壳素的动物。节肢动物中的甲壳纲如虾、蟹等含甲壳素量高达58%~85%；其次是昆虫纲，如蝗、蝶、蝇、蚕等，其含量达20%~60%。"服务员一边说，一边把大家带进另一间屋子。

在那里，大家又看到蜗牛、牡蛎、乌贼等。

"这些是含有甲壳素的软体动物。软体动物中富含甲壳素的动物主要包括双神经纲、腹足纲和头足纲的动物，例如：石鳖、角贝、鹦鹉等，其甲壳素含量达3%~26%。"服务员一边比画一边说。

"你们的养殖规模可真大呀！"王多智对服务员竖起大拇指。

"我们养殖的仅仅是一小部分。其实，自然界中还有很多动物富含甲壳素，譬如环节动物中的沙蚕、蚯蚓，原生动物中的变形虫，腔肠动物中的水螅等都富含此类物质。"服务员笑着说。

"生活中处处有科学啊！"三个小伙伴没想到吃螃蟹，也能吃出这么大的学问，忍不住感慨道。

大脑

亲爱的科学小探迷们：请认真回忆故事中的细节，然后在不回看的情况下，试着回答下列问题。

1. 午饭时间，王多智爸爸带大伙去哪儿吃大餐？

② 正当大家准备把蟹壳扔掉时，谁过来了？他干了什么事？

③ 蟹壳里含有一种什么样的宝贵成分？

科学侦探 大本营

① **甲壳素是一种什么样的东西？**

答：甲壳素是自然界中迄今为止被发现的唯一一种带正电荷的动物纤维。

② **请尽可能多地说出一些含有甲壳素的动物。**

答：虾、蜈蚣、蜘蛛、蝎子、蝗、蝶、蝇、蚕等。

河水里的泡沫

8.河边镇的"怪病"

金秋十月，气候宜人，正是出游的好时光。

王多智、龚思奇和朱小憨骑上单车，向郊外驶去。此次，他们要来一次"说骑就骑"的旅行——看看自己一天究竟能骑多远。

城市、工厂被甩在身后，群山、森林被甩在身后。临近中午，三个小伙伴来到一个陌生的小镇。

"听听，我的肚子已经在唱空城计啦！"龚思奇建议大家在镇上吃点儿东西。王多智和朱小憨也有些饿，于是决定找家餐馆，先填饱肚子再说。这时，他们发现镇上的餐馆都是清一色的鱼馆。

"有没有其他的菜？"朱小憨想吃点其他的菜，于是问道。

"我们河边镇是出名的捕鱼镇，镇上的居民都以捕鱼为生。来这儿，不吃鱼，算白来了。"店家说。

"那就吃鱼吧！"龚思奇二话不说，便坐了下来。朱小憨和王多智也只好坐了下来。

等了好一会儿，服务员才把鱼端来。令大家没想到的是，服务员还没把鱼放上桌，人就一个趔趄，摔倒在地。顿时，鱼肉、鱼汤洒了一地。

王多智、朱小憨和龚思奇吓得不轻，三个人抱成一团。

"不必惊慌,他一定是老毛病又犯了。我叫厨师重新给你们烧鱼……"店家走出来,一边扶起服务员,一边赔不是。

三个小伙伴见服务员已经变得口齿不清,步履蹒跚,哪里还敢吃鱼,一个个逃离了餐馆。

在镇上,他们又见到几位和服务员症状差不多的大叔。一问才知道这是镇上的一种怪病,患病者轻则口齿不清,面部僵硬,走起路来东倒西歪,重则精神失常,或酣睡,或兴奋,全身麻木,最后死亡。

"你们去看医生了吗?"三个小伙伴一听,立即意识到事态的严重性,决定一探究竟。

王多智怀疑这是一种神经方面的遗传病,于是和龚思奇、朱小憨走访了镇上的医生。医生告诉他们,这种病是近两年才发生的,发病的人多数没有家族病史。于是,排除了遗传病的可能性。

朱小憨猜这是一种会传染的疾病。但是经过一番走访之后,大家发现,患病的人之间并没有太多的联系,于是初步排除了这种可能性。不过,他们有了一个惊奇的发现:镇上的猫,也出现了类似的情况。

"猫是什么时候出现这种症状的呢?"龚思奇猜测猫的病症可能是因为"人畜传染"的缘故。

"如果是传染性疾病,为什么一些与患者亲密接触的人反而没有患病?"朱小憨托着下巴,学着王多智的语气,推翻了他和龚思奇共同的猜想。

"要想找到答案,唯一的办法就是找出患病的猫与人的共同点。"王多智斩钉截铁地说。

"对，还是老大有头脑。"龚思奇连声附和。于是，三个小伙伴开始查找患病的人与患病的猫的共同点。

很快，三个小伙伴有了新的线索——病猫与病人都特别爱吃鱼。镇上的人多以捕鱼为生，但一些人却不喜欢吃鱼，把鱼兜售到外地。而那些喜欢吃鱼的人和猫患病了。

"问题就出现在鱼身上。"王多智肯定地说。为了验证自己的猜想，王多智和两个队友把镇上的鱼进行采样，带回市环保实验室进行检测。结果很快就出来了，它显示：鱼体内含有一种叫甲基汞的物质。

由于甲基汞为剧毒物质，所以这事立即引起环保部门的重视。他们对河边镇的环境进行了一番勘察，结果发现问题出在上游的一家化学工厂。

原来，几年前河的上游建立了一家氮肥公司，后又开设了合成醋酸厂，开始生产氯乙烯。可是，工厂一直把没有经过任何处理的含汞废水排放到河边镇，以为庞大的水体能把这些废水稀释，不存在环境污染。没想到这些工厂废水排入水体中，先被藻类和微生物所吸收，再通过一系列的生物链过程，最终在一些鱼类等水生动物中越积越多，并逐渐转化成毒性较大的甲基汞。河边镇的居民捕捞到这些含毒的水产品，像往常一样食用，毒素在体内不断累积，惨剧就不可避免地发生了。

"因为甲基汞是一种剧毒物质，进入脑部后，会严重损害脑神经，导致脑萎缩，产生一系列的大脑功能病变，所以才出现了怪

病。"三个小伙伴明白了。

"谢谢你们提供了如此重要的线索，我们马上要求化工厂进行整改。"环保部门的工作人员说。

亲爱的科学小探迷们：请认真回忆故事中的细节，然后在不回看的情况下，试着回答下列问题。

① 谁建议大家在镇上吃点儿东西？

② 三个小伙伴发现镇上的餐馆都是什么样的餐馆？

③ 小镇上，得病的人与猫都特别爱吃一种什么食物？

① 市环保实验室对"怪病小镇"的鱼进行化验，发现鱼体内含有什么物质？

答：鱼体内含有一种叫甲基汞的物质。

② 如何防治工业废水污染？

答：要想防治工业废水污染，必须从两个方面着手。一方面，要加强对工业污染源的管理；另一方面，还应开发先进的废水处理技术。

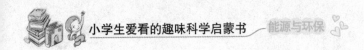

糟糕，跑车没油了

9.可以种出来的能源

秋游的时候，校车开到半途，突然没了油。司机下车一检查，发现油箱漏油了。接下来需要修油箱、加油。幸好，修理厂离得近，修理师傅赶来很快就修理好了油箱。遗憾的是，附近却没有加油站。

"汽车没油，还是走不了。"同学们抱怨起来。

"同学们别急，司机师傅知道该怎么做。"班主任方老师安慰着大家。同学们稍稍安静了些，龚思奇和朱小憨垂下头，情绪很低落。

"是呀，司机师傅已经在联系加油站送油了。"王多智看到司机打电话，于是猜到了几分，他悄悄安慰龚思奇和朱小憨。

"幸好还能买到油。"朱小憨舒了一口气，"只恐怕未来就没有这么好的事啦。"

"有钱，什么买不到？"龚思奇不服气地推了朱小憨一把。

"石油、煤、天然气等大多源于地下的矿藏。这些能源在地球上数量有限，总有一天会用完的。"王多智接过朱小憨的话茬。

"能源又叫能量资源或能源资源，是指可产生各种能量，如热能、电能、光能和机械能等或可做功物质的统称。虽然地球上能源的种类繁多，但并不是取之不尽用之不竭的，所以除了节约能源外，寻找新能源一直是人们的目标。"方老师见同学们谈到能源问题，也凑了过来。

"要是能源可以像种庄稼那样，能种出来就好了。"冷不丁，龚思奇冒出一句话。同学们惊讶地看了她片刻，发出一阵爆笑，都说她异想天开。

"能源为什么不能种出来？"然而，方老师没有笑，他一本正经地反问。

"其实，除了煤和石油等化石能源外，凡是可以做燃料的植物、微生物甚至动物产生的有机物质都能形成称为生物质能的能源。如此说来，能源是可以'种'出来的。"王多智看过一期科普节目，他试探着说。

"但我现在所说的是通过种植手段，让植物直接产生能源的问题。"方老师的话，让车上所有同学的心提到了嗓子眼。

"今天，我终于发现英雄所见略同。"龚思奇来到方老师身旁，向同学们得意扬扬地直了直身子。顿时，大家又发出一阵哄笑。

"从理论上讲，石油的主要成分是碳氢化合物，而植物进行光合作用时，通常的产物是碳水化合物。但是，当光合作用进行得很彻底时，植物体内便能形成碳氢化合物，如橡胶就是碳氢化合物。从这个道理出发，一些植物体内产生的物质经提取后，应该具有液体燃料的功能。"王多智总能抢到话头，出尽风头。

"科学家研究发现，一些树木中存在油性的树汁和树脂，人们可以像割橡胶一样切开树皮，取得这些可以燃烧的液体。20世纪70年代，美国加利福尼亚大学的化学家、诺贝尔化学奖得主梅尔温·卡尔文突发奇想，决定寻找可能产生石油的植物，进而从地里'种'出石油来。以卡尔文为代表的研究小组足迹遍及世界各地，从寻找产生类似于石油成分的树种入手，集中研究了十字花科、菊科、大戟科等十几个科的大部分植物，分析了这些植物的化学成分。"方老师说。

"那么，这是不是就意味着能源可以'种'出来呢？"朱小憨几乎快要激动得跳起来。

"经过多年的寻觅，他们终于在巴西的热带雨林里发现了一种能产生'石油'的奇树——三叶橡胶树。人们只需要在它的树干上打一个孔洞，就会有胶汁源源不断地流出。卡尔文博士对这种胶汁进行了化验，发现其化学成分居然与柴油有着惊人的相似之处，不需要加工提炼，即可充当柴油使用。将其加入安装有柴油发动机的油箱，可立即点火发动。"方老师说。

"卡尔文的发现给人们很大的启示，人们在此基础上，又发现了很多'石油植物'。目前，已经发现大量可直接生产燃料油的植物，主要分布在大戟科，如绿玉树、三角戟等。这些'石油植物'能生产低分子碳氢化合物，加工后可合成汽油或柴油的代用品。我国海南的油楠树，砍掉树干，油就会源源而出。"说话间，司机提回一壶油。

"石油植物绿色洁净，在当今全世界环境污染严重的情况下，对保护环境特别有利。"

　　"如果开发石油植物，还将加强世界各国在能源方面的独立性，减少对石油市场的依赖，可以在保障能源供应，稳定经济发展方面发挥积极作用。"

　　"如果能把这些石油植物种植起来，人类解决能源危机就有了新的希望。"

　　……

　　不一会儿，加满油的汽车像吃饱了的野马一样，奔驰而去。车内，话题仍在继续……

超强 大脑

　　亲爱的科学小探迷们：请认真回忆故事中的细节，然后在不回看的情况下，试着回答下列问题。

　　❶ 秋游的时候，校车开到半途，出了什么问题？

　　❷ 地球上能源的种类繁多，是不是永远也取之不尽用之不竭呢？为什么？

　　❸ 经过多年的寻觅，梅尔温·卡尔文的科研团队终于在哪儿发现了能产生"石油"的奇树？这种树的名字叫什么？

　　❶ 能源可以种出来吗？

　　答：可以。可以"种"出来的能源其实是石油植物，这些植物是可直接生产燃料油的植物，譬如绿玉树、三角戟、续随子等就是

这样的植物。

❷ 我国有没有能产油的树种？

答：有，这种树就是我国海南的油楠树。砍断树干，油就会源源不断地流出来。

龚思奇，手下留情

10.偷吃稻谷的麻雀

稻谷丰收的时节，恰好学校还没开学，所以龚思奇被妈妈"派遣"到大舅家看晒场。

晒场就是晒稻谷的地儿。大舅和农民叔叔们把从稻田里收获的稻谷运到晒场，让龚思奇把稻谷摊开来。期间，大舅让龚思奇时不时地给稻谷"翻个身"，以便晒干入库。这活儿说来轻松，可对于久居城市、养尊处优的龚思奇而言，无疑是一项艰巨无比的任务。

"老大，思奇请求支援，快来呀。"龚思奇不甘辛劳，悄悄给科学探索小分队队长王多智发出了"求援信号"。

队员"大难临头"，队长哪有不帮的道理？所以王多智二话不说，就和朱小憨搭车来到龚思奇的大舅家。一个人的活儿，三个人做，果然轻松了许多。

最主要的是，三个小伙伴还有了空闲的时间。

"请二位大侠喝茶。"龚思奇热情地给两位"难兄难弟"倒茶。王多智和朱小憨欣然接受。三个人坐在树荫下闲聊起来。

"麻雀，该死的麻雀。"突然，龚思奇看到几只麻雀"乘虚而入"，偷吃晒场上的稻谷。龚思奇立刻上前赶走了麻雀。

可她刚返回树荫，麻雀又飞回晒场，开始偷吃稻谷。

"这些讨厌的麻雀，脸皮真厚！"龚思奇在心里说。

"嘘，我们去逮两只玩。"朱小憨喜欢养宠物，他看着活蹦乱跳的麻雀，就想"据为己有"。

"这个想法不错。正好大舅家有渔网，我们可以引诱麻雀进渔网，然后一网打尽。"龚思奇一听，顿时来了精神。

"我总觉得有些不妥。"王多智说不清哪儿不对劲，但总觉得这样做不太妥当。

龚思奇和朱小憨相互对望，达成了捕捉麻雀的共识。龚思奇从大舅家悄悄拿来渔网，朱小憨负责撒谷粒引诱麻雀。没多久，就有一只小麻雀上当了。

"哈哈哈，抓到你啦！"朱小憨把抓到的麻雀放进一只布口袋，准备带回家去养起来。

"多养几只，反正这些麻雀太讨厌，总是偷吃稻谷。"龚思奇摆出一副"替天行道"的表情。王多智想要阻止，却被龚思奇和朱小憨"挡"了回去。

"快把麻雀放掉。"正当龚思奇和朱小憨为自己布设的陷阱洋洋自得之时，龚思奇的大舅挑着一担稻谷来到晒场。

"大舅，这些麻雀太讨厌，总也赶不走。我帮你逮住，免得它们偷吃稻米。"龚思奇一边藏了藏朱小憨的布口袋，一边解释说。

"麻雀是我们的好朋友，快放了它。"大舅的脸色沉了下来。龚思奇没想到一向和颜悦色的大舅，也有生气的时候，心里有点儿害怕了。

"虽然麻雀偷吃稻谷，但它们也吃害虫，让我们的庄稼丰收……况且，它们也吃不了多少稻谷。"大舅权衡之下，决定和麻雀分享稻谷，"最主要的是，因为一些人大肆捕杀，麻雀已经很少了。"

"麻雀被列入《世界自然保护联盟》2013年濒危物种红色名录。"经过大舅的提醒，王多智想起之前曾经看过一期关于生态平衡的节目，节目中曾经提到麻雀属于濒危物种。同时，他也想起了他先前觉得不对劲的地方。

"由于滥捕、环境破坏、栖地狭窄等种种原因，麻雀的数量已经比以前少得多。如果照此发展下去，麻雀或会濒临灭绝。任何一个关键物种的灭绝都有可能破坏当地的食物链，造成生态系统的不稳定，并可能最终导致整个生态系统的崩解。"大舅说。

龚思奇和朱小憨不信逮住一只麻雀会有这么严重的后果，捂了捂布口袋。

"打个比方说，狼爱吃羊，是人和牲畜的大敌，但是狼也吃田鼠、野兔和黄羊，而田鼠、野兔、黄羊等又吃草，草又是羊的主要粮食，羊又是人的主要食物来源。这些生物组成了一个庞大的生物王国，形成了环环相扣的食物链，它们相互制约，与草原共同生存了亿万年。如果任何一个环节出了问题，就将影响整个食物链……麻雀也是同样的道理。"大舅打着比方。

"没想到逮一只麻雀也会导致如此严重的后果。"龚思奇和朱小憨立马放掉了布袋里的小麻雀。

"随着环境的破坏，很多动物都濒临灭绝。其中，哺乳类的有长吻针鼹、沙漠袋貂、澳洲毛鼻袋熊、短鼻大袋鼠等；鸟类有飘泊信天翁、阿波特鲣鸟、安德鲁军舰鸟、朱鹭、马岛麻斑鸭等；爬行类有泥龟、斐济带纹鬣蜥、蓝岩鬣蜥、大鲵、太阳龟等；鱼类有中华鲟、银带鱼、苏眉鱼、银带鱼等。"王多智点开手机上的"知识库"。

"另外，植物如水杉、小叶兜兰、白梅洛仙人掌、佛罗里达红豆杉等也濒临灭绝。"大舅接过话茬。

"爱护动物，爱护大自然。"龚思奇和朱小憨决意做一名爱护大自然的义务宣传员。

亲爱的科学小探迷们：请认真回忆故事中的细节，然后在不回看的情况下，试着回答下列问题。

❶ 稻谷丰收的时节，龚思奇被妈妈"派遣"去谁家看晒场？

❷ 朱小憨想把麻雀"据为己有"，被谁制止了？

❸ 麻雀是不是濒危物种？

❶ **请尽可能多地说出一些濒危物种。**

答：长吻针鼹、沙漠袋貂、阿波特鲣鸟、蓝岩鬣蜥、大鲵等。

❷ **为什么要保护濒危物种？**

答：因为一个关键物种的灭绝，可能会导致当地生态系统的崩解。

第三辑

朱小憨的"重大决定"

1. 橘皮儿"追踪记"

柑橘成熟的季节，王多智一家要去郊区的柑橘园体验摘柑橘的乐趣，龚思奇和朱小憨搭王多智爸爸的"顺风车"，也来到了柑橘园。

柑橘园的规模很大，一个个沉甸甸的柑橘挂满枝头，好似漫山遍野亮起一盏盏小灯笼一样，让人垂涎欲滴。置身其间，犹如走进一片柑橘果子的海洋。园主很有经济头脑，在柑橘成熟的季节，特别推出了摘柑橘的活动，顾客只需交付入园费用，就可以在柑橘园尽情享受摘果子、吃果子的乐趣。当然，摘的果子得归属于柑橘园。即便如此，很多城里人也驱车前往光顾。

王多智、龚思奇和朱小憨一人采摘了一大筐柑橘。为了庆祝"胜利果实"，大家找了一块空地，围坐起来，开始了"柑橘宴"。

"把橘皮放到一块儿，别乱丢。"王多智生怕龚思奇和朱小憨乱扔果皮，像个大人一样，做出一副防患于未然的表情。

"老大，我早就准备好垃圾袋了。"龚思奇一边拿出背包中的垃圾袋，一边讨好地说。品尝完味美可口的橘子之后，三个小伙伴自觉地收拾橘皮。他们把橘皮装进龚思奇带来的垃圾袋，准备扔进垃圾箱。

"你们把这些橘皮放进橘皮回收桶吧！"这时，工作人员指着不远处的一辆三轮车，让三个小伙伴把橘皮丢进三轮车上的大铁桶。

大家记得以前吃了柑橘之后，都是把柑橘皮当成不可回收垃圾，直接扔进垃圾桶，万万没想到柑橘园还会回收柑橘皮。顿时，大家的好奇、疑惑之感油然而生。

"想弄清楚事情的真相吗？"王多智爸爸看出大家的心思，小声问。三个小伙伴一听，连连点头。

不一会儿，工作人员就把三轮车上的大铁桶装得满满的。

"开始跟踪！"王多智爸爸发动汽车，尾随三轮车而去。只见三轮车驶入一条狭窄的通道，然后一直向前。

"我们要不要停下来？"龚思奇见通道很窄，还有些幽暗，立刻联想到电影里的恐怖情节，于是怯怯地问。

"胆小的人，请下车。"朱小憨不满地瞥了龚思奇一眼。为了证明自己的胆儿不小，龚思奇不再言语。

不一会儿，三轮车开进一间露天仓库。只见里面已经堆积了很多橘皮，时不时还发出阵阵臭烘烘的怪味儿。

"原来，他们是要把橘皮进行集中销毁。"王多智看出一点儿"门道"。然而，对于如何销毁柑橘皮的问题，他脑海里还有一个大问号。

恰好这时，一辆大卡车开进了仓库。

"再等等，就会有结果。"王多智爸爸示意大家别声张，静静等候。果然，不一会儿，大卡车装载了满满一车橘皮，呼啸而去。

王多智爸爸麻利地跟上大卡车，一路"追踪"。一小时之后，大卡车开进了一家有机肥工厂。

"把橘皮送到有机肥工厂干什么？"三个小伙伴看不明白。王多智爸爸让大家下车，带着他们进工厂。工厂车间的主任听王多智爸爸说明来意之后，满面堆笑地让大家进厂参观。

"经过发酵、分解橘皮中的果胶、化学反应等流程将橘皮变成有机肥，变废为宝。"车间主任带着大家参观了橘皮有机肥生产的一道道工序，讲述了柑橘皮经堆积发酵熟化后，再加入氮、磷、钾制成的有机复合肥，施入柑橘果园，实现柑橘生态系统循环利用的全过程。

"橘皮也能变成宝，这就是科技的力量！"王多智说。

"今天，我们真是大丰收啦。"回来的路上，大家谈笑风生，说着各自的收获。

超强 大脑

亲爱的科学小探迷们：请认真回忆故事中的细节，然后在不回看的情况下，试着回答下列问题。

1 三个小伙伴准备把橘皮扔进垃圾箱时，谁阻止了他们？

2 经过一路跟踪，大家发现装载橘皮的大卡车开到哪儿去了？

3 橘皮可以变废为宝吗？

① 橘皮如果采用填埋、送垃圾回收站、污水处理厂、烘干等办法处理，会产生哪些不良后果？

答：橘皮如果采用上述办法处理，会产生大量酸性污水、恶臭，严重污染环境。

② 科学家如何将橘皮变废为宝？

答：科学家根据微生物发酵的思路，用发酵、分解橘皮中的果胶、化学反应等流程，将橘皮变成有机肥，变废为宝。

能"生钱"的落叶

2.落叶也是宝

秋风瑟瑟，落叶满地。

放学后，王多智、龚思奇和朱小憨路过公园，看到一位腿脚有残疾的环卫工人正在打扫满地的落叶。

"阿姨，我们来帮你！"王多智见状，赶紧跑过去，帮环卫阿姨收拾地上的落叶。龚思奇、朱小憨见状，也跟过去帮忙。

"谢谢你们。"环卫阿姨见三个小家伙挺勤快，很是感激。

很快，三个小伙伴就和环卫阿姨变得熟悉起来。三个小伙伴觉得环卫阿姨腿脚残疾还出来做工，很不容易。同时，他们也流露出对大树的"不满"："讨厌的大树，为什么掉下这么多树叶，害得阿姨成天忙个不停……"

"落叶也是宝！"环卫阿姨一听，哈哈大笑。

环卫阿姨的话令王多智、龚思奇和朱小憨倍感意外，他们睁大好奇的眼睛，惊奇地看着她。

"如果你们有兴趣的话，不妨去落叶处理处看看？"环卫阿姨一瘸一拐地把落叶装进三轮车，准备离开。

"好呀好呀！"王多智、龚思奇和朱小憨求之不得，连忙帮环卫阿姨推三轮车。

在环卫阿姨的引领下，王多智、龚思奇和朱小憨来到一处露天仓库。只见那里堆满了落叶，一些工人推着推车往返穿梭。

"他们要把落叶运到哪儿去？"龚思奇和朱小憨疑惑不解地问环卫阿姨。

"他们的路线各不相同，你们自己去看看吧。我还有事儿，要先走了。"环卫阿姨说完，骑着三轮车，到别处打扫落叶去了。

"我们'逐个击破'。"王多智用"领导者"的语气，说出了自己的策略。他首先锁定了一位老爷爷。

老爷爷见三个小家伙如此好学，非常乐意地让他们跟着自己走。老爷爷推着落叶，走过一段水泥路，来到一个坑前。老爷爷把推车里的落叶倒入大坑中。

"爷爷，你为什么把这些落叶倒进垃圾坑？"龚思奇以为老爷爷不要这些落叶，赶紧问。

"这叫沼气坑。我们利用落叶在一定的温度、湿度、酸碱度和隔绝空气等条件下可发酵的特性，把落叶倒进沼气坑，制成沼气提供能源……看，这就是输送能源的管道。"老爷爷指着沼气坑旁边架构的一些铁管，让大家看。

"太不可思议了！"龚思奇道。

"看看，这是沼气提供的电能。这是沼气提供的热能……"老爷爷把大家带进一户人家，参观了用落叶发酵成沼气而生产的新能源。

告别老爷爷，王多智一行又"锁定"一个目标——一位叔叔。

叔叔很高兴做他们的向导，他用手推车把落叶推到一家木耳种

植园，倒进一个大坑。

"这是沼气坑吗？"有了之前的"教训"，龚思奇变得"聪明"了一些。朱小憨悄悄扯了扯她的衣角，示意她别乱说话。

"这叫堆肥坑。我们利用落叶腐烂后含有丰富的养料的特性，把落叶倒进堆肥坑，让其腐烂生产养料，用以替代传统的锯木屑，来培育黑木耳呢。"叔叔被龚思奇逗乐了，他笑着说。龚思奇尴尬地笑笑。

紧接着，叔叔又带领三个小伙伴参观了木耳种植园的木耳。看着长势喜人的木耳，大家感到心情特别愉快。

"其实，落叶的用处不仅仅用作堆肥，还可以发电呢！"叔叔又带着大家去了附近的发电厂，大家看到落叶被用作燃烧的原料，替代煤炭。

"只要善于发现，落叶也是宝！"王多智、龚思奇和朱小憨继续"锁定"下一个目标。这天下午，他们见识了落叶的很多用途。

亲爱的科学小探迷们：请认真回忆故事中的细节，然后在不回看的情况下，试着回答下列问题。

① 放学后，王多智、龚思奇和朱小憨路过公园，看到谁在打扫满地的落叶？

② 老爷爷为什么把推车里的落叶倒入大坑？

③ 叔叔把落叶推到哪儿去了？

1 **焚烧落叶好不好？**

答：不好。因为焚烧落叶会带来烟尘，影响空气质量。

2 **为什么说落叶是个宝？**

答：因为它的用处可不少。一方面，人们利用落叶在一定的温度、湿度、酸碱度和隔绝空气等条件下可发酵的特性，把落叶制成沼气提供能源；另一方面，人们利用落叶腐烂后含有丰富的养料的特性，用落叶替代传统的锯木屑，用作培育黑木耳等食用菌的原料。另外，人们还可以用它发电。

到北极做烧烤

3.自相残杀的北极熊

王多智的邻居马叔叔是一名科考队员，去过很多地方，见多识广。他一有空就给王多智讲一些自己的见闻、趣事。因为这，王多智时常黏着他，向他打听一些奇闻趣事。

前不久，马叔叔随科考队去了一次北极。北极有茫茫无际的冰原，也有珍稀的北极狐、北极狼，这对王多智充满了诱惑。

这不，马叔叔刚从北极回来。王多智就带着自己的"队伍"叩响了他家的房门。

"马叔叔，你看到北极熊了吗？"

"马叔叔，你看到北极狐、北极狼了吗？"

"马叔叔，你去的时候，北极是极昼，还是极夜？"三个小伙伴不等王叔叔歇下来，就迫不及待地问了一连串的问题。

"这次，我们科考队有了新的发现。这绝对是一个令你们意想不到的冷门。"马叔叔坐下来，准备给三个"小粉丝"细细讲来。这时，科考队长打来电话，叫他立即过去一趟。

马叔叔的话刚开了个头，又要离开，这无疑吊足了科学探索小分队成员们的胃口。三个小粉丝恋恋不舍地看着马叔叔，眼里流露出一万个不舍。

"你们自己先看着，我马上就回来。"马叔叔看着大家的眼神，也有些不忍心，于是拿出他的摄像机，让大家先一饱眼福。

打开摄影机，王多智和两个小伙伴看到了美丽的北极冰原，看到了白雪皑皑下的北极狐，看到了小巧玲珑的北极狼……

突然，一副血淋淋的照片映入大家的眼眶。图片中，一只体态健壮的大北极熊叼着一只血淋淋的小北极熊。

"是谁伤害了小北极熊？"起初，大家以为大北极熊因为小北极熊受伤，想要把他叼到安全的地方养伤，可接下来的几张照片却让大家大跌眼镜——大北极熊竟然撕裂、吞噬了小北极熊。大家以为眼花、看错了，于是揉揉眼，再仔细看。没错，北极熊就是在自相残杀。

"北极熊竟然自相残杀？"龚思奇叫道。

"北极熊看起来是那样温顺，怎么可能做出这种大逆不道的事？"朱小憨不由自主地附和道。

"这些图片一定是P出来的。"王多智托着下巴，仔细想想之后，得出"结论"。

说话间，马叔叔回来了，他表情肃穆地告诉大家，照片上的事儿是真实的。

"北极熊为什么会自相残杀？"王多智、朱小憨和龚思奇异口同声地问。

"北极的浮冰是北极熊活动的主要地盘。近些年浮冰融化减少了它们活动、觅食的地盘，丧失了平常的食物源。虽然北极熊会游泳，但缺少浮冰的支撑，捕食会显得更困难，容易发生饥饿、淹死，甚至同类相食的情形。"马叔叔指着前几年北极冰原与这些年北极冰原变化的示意图，告诉大家是因为食物匮乏，才导致了北极熊自相残杀。

"为什么北极的浮冰会融化？"王多智不希望发生这样的悲剧。

"虽然气候变化的影响是不确定的，但即使是轻微的气候变化也可能对北极熊的海冰栖息地产生深远的影响。如果北极的冰山继续融化，北极熊可能不能再在洞穴里生活。居无定所的生活，会影响北极熊及其幼崽的生存。同时，人类持久性排放的各类有机污染物也会对北极熊产生威胁。对有机氯农药积累的研究显示，北极熊作为顶级掠食者，体内有积累这些化合物的危险，伤害其神经系统、生殖和免疫系统……目前，北极熊已被列入《濒危野生动植物种国际贸易公约》。"马叔叔的语气显得很沉重。

听完马叔叔的话，三个小伙伴心里有种说不出来的难过。

超强 **大脑**

亲爱的科学小探迷们：请认真回忆故事中的细节，然后在不回看的情况下，试着回答下列问题。

① 当马叔叔准备坐下来给"小粉丝们"细细说来的时候，谁打来电话，叫他立即过去一趟？

② 大北极熊叼着一只血淋淋的小北极熊的照片是P出来的吗？

科学侦探 大本营

❶ 北极熊是不是濒危动物？

答：是。北极熊已被列入《濒危野生动植物种国际贸易公约》。

❷ 为什么北极熊作为顶级掠食者，数量正在逐渐减少？

答：其原因主要有两个方面。一方面，北极融冰导致北极熊活动地盘缩小，食物匮乏，在走投无路的情形下，它们被逼得自相残杀；另一方面，人类持久性排放的各类有机污染物也会对它产生威胁。

雾霾天的装备

4.讨厌的雾霾

冬日，城市被大雾笼罩，一连几天持续不散，到处烟雾缭绕，迷茫一片。尽管街头路灯明亮，但能见度仍然很低，行人看不清10米以外的东西。交通陷入瘫痪，学校也因此停课。

"讨厌的鬼天气！"王多智、龚思奇和朱小憨被大雾"挡"在家中，三个人在微信里埋怨起来。

"真无聊，也不知道做什么才好！不如再好好睡一觉。"龚思奇伸了一个懒腰说。

"要不，咱们来研究一下这鬼天气。"朱小憨提议。

"这不就是雾霾天气吗？其实这倒好，我们不用上课，睡觉多好呀！"龚思奇似乎巴不得多来几天大雾。说完，她很快就没了动静。朱小憨试图叫醒她，龚思奇也不理会，好像真睡着了一般。

"1952年冬天，英国伦敦因为一连几天的雾，导致1.2万人丢掉了自己宝贵的生命。"朱小憨见没动静，于是在微信里发了一条信息。

"怎么回事呢？"龚思奇一看，立马来了精神。

"英国气象专家对此次事件做了深入调查，找出了问题的症结所在。原来，'罪魁祸首'并不只是雾，还有它的'共犯'——

霾。"王多智也发表了自己的见解。这让龚思奇和朱小憨难以理解。

"其实，我们平常所说的雾霾是由雾和霾组合而成的。"王多智一直在上网，他查了很多资料，"清晨，我们带上超高倍显微镜出门观察。如果够仔细，我们会发现空气中有一些悬浮的小水滴或小冰晶，这些水分颗粒就是雾的主要成分。"

"霾由一些悬浮在空气中的小颗粒组成，但这些小颗粒不是单纯的水分颗粒，而是由小尘粒、烟粒或盐粒混合而成。由于每一粒小颗粒都非常微小，从0.001微米到10微米，平均直径大约1微米左右，所以我们的肉眼根本看不到。"朱小憨也开始动手查资料。

"那么，谁是凶手呢？"龚思奇明白过来，在对话框里问。

"雾是由于空气湿度大而产生的。空气中悬浮的水汽凝结成水滴，使地面的水平能见度降低，其本身无毒无害。霾中含有酸、碱、盐、胺、酚以及尘埃、花粉、螨虫、流感病毒、结核杆菌、肺炎球菌等多种对人体有害的物质。你觉得哪个才是真正的凶手呢？"王多智反问道。

"应该是霾吧！"龚思奇很快给出答案。

"呵呵，严格来说雾和霾都脱不了干系。雾和霾常常同时出现，形成雾霾天气。第一，霾中含有许多化学颗粒。由于它们非常微小，轻飘飘地浮在空气中，所以很容易进入并粘连在我们的呼吸道和肺泡中，引起急性鼻炎、急性支气管炎等疾病。第二，浓雾天气气压较低，天色灰蒙蒙的，人会感到焦躁不安，尤其对一些高血压、冠心病患者不利。第三，由于雾霾挡住阳光，导致接近地层的紫外线减弱，这会让传染性病菌的生命力增强，大大增加传染病的传播概率。第四，雾霾还会使儿童紫外线照射不足，严重时会引发佝偻病等。"王多智说。

"雾霾会阻碍人的视程，使能见度降低，容易引起交通阻塞，发生交通事故。由于当时伦敦的雾霾浓度较高，导致交通瘫痪，疾病频发，所以1.2万人为此丧生并不足为奇。"朱小憨已经知道结果，他说。

"我们要防止悲剧重演。"龚思奇由衷地说道。

"入冬以来，我国大部分地区雾霾来袭，严重影响了我们的正常出行和生活节奏。而事实上，工业革命后世界很多城市都曾体验过'雾霾之殇'。为了让悲剧不再重演，预防雾霾人人有责。首先，煤炭燃烧会产生大量烟尘，这些烟尘进入大气会使雾霾天气加重，所以我们应发展清洁的替代能源。譬如天然气、石油、太阳能等绿色能源。"王多智念道。

"其次，随着城市人口的增长和工业发展，机动车辆猛增。而机动车尾气是组成雾霾颗粒的主要成分，所以我们应该适当控制机动车尾气的排放。"朱小憨说。

"再者，为了健康我们不妨为自己开启'防雾模式'，把损害降到最低。出行时，我们可以选择戴口罩的方式，阻挡污染颗粒；回家后，我们要尽快洗脸、洗手、清理鼻腔，这样雾霾颗粒就不会黏附；如果遇到雾霾严重的情况，我们在家尽量不要开窗，但确实需要透气的话，应尽量避开早晚雾霾高峰时段，打开一条缝隙即可。最后，我们还可以多吃一些清肺润肺的食品，譬如百合、胡萝卜、木耳、豆浆、银耳等。"王多智接着总结。

亲爱的科学小探迷们：请认真回忆故事中的细节，然后在不回看的情况下，试着回答下列问题。

① 学校为什么停课？

② 1952年冬天，英国伦敦那场雾霾，让多少人丢掉自己宝贵的生命？

③ 雾霾是指单纯的雾吗？

① 雾和霾会同时出现吗？

答：雾和霾常常同时出现，形成雾霾天气。

② 如何防止雾霾对我们的伤害？

答：出行最好戴口罩，回家尽快洗脸、洗手、清理鼻腔。当雾霾天气严重时，在家尽量不要开窗，透气应尽量避开早晚雾霾高峰时段等。

让冬季消失的实验

5. "消失"的冬季

北风凛冽、大雪纷飞，北方的冬季寒意十足。

操场上，同学们被冻得跺脚又搓手。朱小憨、龚思奇和王多智三人挤在一起，做出一副"有难同当"的可怜样。

"如果天不这么冷就好了。"王多智搓了搓手，感慨道。

"依我看，要是没有冬季才好呢！"龚思奇说出了自己的心里话。

"思奇总爱异想天开。"朱小憨觉得龚思奇的想法很天真，忍不住哈哈大笑，"不过，我也希望没有冬季。"

"这并不是异想天开。"地理老师从三个小伙伴身边经过，他听到了龚思奇和朱小憨的对话，亲切地说。

"难道我们梦想成真了吗？"三个小伙伴一听，立马围住地理老师。

"我国西南边陲西双版纳及其附近低海拔地区终年温暖，四季常青，人们感觉不出一丝冬天的寒意。那儿一年过的只有凉季（11月至来年3月）、热季（4~5月）和雨季（6~10月）三个季节。"地理老师很认真地答道。

"真希望我们这里也没有冬季。"三个小伙伴没想到还真有这

样的地方。

"西双版纳之所以没有冬季，是因为该地区太阳入射角高，加之北有高山屏障，基本不受西伯利亚南下冷空气的影响。由于我们地处北方，不具备那样的地理条件，所以只能忍受寒冷啦！"地理老师耐心地给大家讲解其中的科学道理。

"那么，西双版纳的气温怎么样呢？"王多智心里还有疑惑。

"西双版纳的气温变化不大，具有'常夏无冬，一雨成秋'的特点。例如，西双版纳州政府驻地景洪，全年最冷的1月，平均气温也高达16℃，相当于仲春仲秋温度。7月平均气温只有25℃，又不是很热。所以，那里实际上是长夏无冬、秋去春来的热带气候。"地理老师笑着说。

"西双版纳什么时候最热呢？"朱小憨一听，很好奇。

"西双版纳气候和我国其他地区存在很大的差别。由于雨季来临之前，天上的云少，太阳的热量主要用来升高气温，用于蒸发水的热量极少，所以那里全年最热不在夏季而在雨季之前，也就是每年的4到5月。而一旦进入雨季，气温就会下降。一般情况下，3月下旬到5月下旬这个时间段，气温会达到35℃左右，而最高气温在40℃左右的高温天气则只发生在4月中旬。"地理老师说。

"由于西双版纳泼水节正值热季，是全年气温的最高时节，所以即使被泼成'落汤鸡'，也不会受凉致病。"王多智想了想，接过话茬。

"我希望今后能到西双版纳生活。"龚思奇露出万分向往的表情。

"住在那儿的人就好比住在天堂。"朱小憨赞同龚思奇的想法。

"也不完全是。"地理老师的话里藏着话。

"由于那里雨季和干季更迭十分鲜明，雨旱季节雨量对比悬殊。雨季所在的5个月，也就是每年的6至10月，总雨量占了年雨量的80%以上，其中最多雨的8月平均雨量达到200多毫米，而干季中最干的2月平均雨量仅11.4毫米。所以有时会出现罕见的大旱现象。"地理老师查证了很多资料，他皱着眉头说。

"旱灾会导致土壤水分不足，破坏农作物水分平衡，从而带来粮食问题，甚至引发饥荒。如果情况严重，还会令人及动物因缺乏足够的饮用水而致死，甚至引发更严重的饥荒。"王多智以前就听过旱灾的报道，对旱灾印象深刻。

"譬如当地2009年夏末雨季结束过早，水田蓄水不足，造成了2010年春云南50年不遇的罕见大旱。"地理老师接着说。

"那可怎么得了？"三个小伙伴的心也提了起来。

"虽然不全是好消息，但由于西双版纳没有冬季，作物可以全年生长。又因其距离海洋较近，受印度洋西南季风的控制和太平洋东南季风的影响，所以一般情况下那里都会湿润多雨，刚才所说的旱灾只是偶尔出现。西双版纳森林茂密，植物繁盛，被誉为'植物王国'。"地理老师脸上露出一丝欣慰。

"不管大自然赋予我们什么，我们都要勇敢地接受和面对。"三个小伙伴的心平静了许多。

亲爱的科学小探迷们：请认真回忆故事中的细节，然后在不回看的情况下，试着回答下列问题。

❶ 谁告诉龚思奇和朱小憨，没有冬季不是异想天开的事？

❷ 什么地方终年温暖，四季常青，人们感觉不出一丝冬天的寒意？

❸ 西双版纳的气温变化具有什么特点？

❶为什么西双版纳没有冬季？

答：因为西双版纳基本不受西伯利亚南下冷空气的影响，故没有冬季。

❷为什么西双版纳有时会出现罕见的大旱现象？

答：因为那里雨季和干季的更迭十分鲜明，降雨量对比悬殊。其中雨季的总雨量占了年雨量的80%以上，所以有时会出现罕见的大旱现象。

朱小憨"节水"

6.珍贵的淡水

　　龚思奇得知公园新到了一批盆景花卉，很美丽。于是，她和王多智、朱小憨相约去公园一看究竟。当他们路过洗手台时，发现那里的水龙头没有关紧，正嘀嗒嘀嗒地滴着水。

　　"等会儿，我去把水龙头关好。"王多智一边说，一边向洗手台走去。

　　"快点儿，别管闲事。我们还要去前面看盆景呢。"龚思奇和朱小憨显得有些不耐烦。

　　"节约用水，人人有责！"王多智把水龙头关紧，迅速和龚思奇、朱小憨一起向盆景花卉展区走去。

　　"这么一点点水，能值几个钱呢？"每天早上，龚思奇都是开着水龙头洗脸、漱口，一个月下来，水费也不见得有多少，所以显得有些不以为然。

　　"对呀，我家里有的是钱，不怕浪费一点点水。"朱小憨也说。

　　"水资源很珍贵，我们不能浪费。要不然，总有一天，我们会没有水用。"王多智无奈地摇摇头。

　　"哈哈哈，老大，你别危言耸听！"龚思奇和朱小憨哈哈大笑。

"我是说真的。"王多智有点儿着急了。

"大海里那么多水，用都用不完。你的担心是多余的。"朱小憨傻傻地说。

"水有咸淡之分。我们吃的、喝的都是淡水。大海里的是咸水，不能喝。"王多智大着嗓门，和朱小憨争起来。

龚思奇和朱小憨见王多智真的有些生气，便不再吭声。三个人闷不作声地向前走。不一会儿，他们就来到了公园的盆景花卉展区。

展区里，各色花卉争奇斗艳，红的、黄的、紫的、蓝的，非常漂亮。一时之间，三个小伙伴把眼睛都快看花了。

突然，展区上空传出"轰"的一声巨响。紧接着，一波波水流倾斜而下。

"水管发生爆裂，我们要进行抢修，请大家快到安全地带去。"管理员拿着小喇叭对游客大声喊。

"延误一点儿时间，又有什么关系？顶多多放几立方水，也浪费不了几个钱。"游客中，一个声音发出来。

"水资源很珍贵，我们不能浪费一滴水。"管理员的样子很着急。

在管理员的指挥下，游客迅速疏散开来。管道工及时赶到，对水管进行了抢修。很快，一切恢复正常。

"看到没有，水资源真的很珍贵。"王多智仿佛一下子找到了知音，他把龚思奇和朱小憨拉到管理员身边，要管理员评评理。

"地球上那么多水，我觉得只要有钱，就能买到水，没什么稀罕的。"龚思奇淡淡地说。

"对，有钱就能买到水。"朱小憨始终和龚思奇站在"同一战线上"。

管理员看看龚思奇，又看看朱小憨，然后一本正经地说："地球上的水的确很多，可淡水储量仅占全球总水量的2.53%，而且这其中的68.7%又属于固体冰川，分布在难以利用的高山和南、北两极地区，还有一部分淡水埋藏于地下很深的地方，很难进行开采。"

"目前，人类可以直接利用的只有地下水、湖泊淡水和河水，三者总和约占地球总水量的0.77%。加之人类对淡水资源的用量越来越大，除去不能开采的深层地下水，人类实际能够利用的水只占地球上总水量的0.26%……"王多智眉头紧锁。

"更为严重的是水域污染严重导致的淡水水质恶化。目前，我国大部分城市和地区的淡水资源已经受到了不同程度的破坏。"管理员接过话茬。

"为什么不好好利用大海里的水？"龚思奇总是提出一些奇奇怪怪的设想。

"海水淡化的确在一定程度上能缓解淡水危机，但这涉及一个成本问题。目前，我国海水淡化的成本为4~7元/立方米，苦咸水淡化的成本为2~4元/立方米，如天津大港电厂的海水淡化成本为5元/立方米，河北省沧州市的苦咸水淡化成本为2.5元/立方米……试想一下，这样一来，我们的水资源成本是不是会很高？"管理员滔滔不绝。

"再试想一下，如果要把海水远程调度到内地，这成本又得提高多少？"王多智问。

"看来，还真得节约用水。"龚思奇和朱小憨终于明白了。

 超强 **大脑**

亲爱的科学小探迷们：请认真回忆故事中的细节，然后在不回看的情况下，试着回答下列问题。

❶ 洗手台的水龙头没有关紧，正嘀嗒嗒嗒地滴着水。谁主动去关紧水龙头的？

❷ 大海里的水是淡水吗？

❸ 目前，人类可以直接利用的水有哪几类？

 科学侦探 **大本营**

❶ **淡水资源珍贵吗？**

答：非常珍贵。因为地球上的水虽然很多，但淡水储量仅占全球总水量的2.53%。

❷ **海水可以变淡水吗？**

答：可以。

去湿地野炊

7. "脆弱"的湿地

王多智爸爸打算去湿地公园考察。

王多智想跟着去长长见识，也"顺便"提高一下科学探索小分队的"综合实力"，便叫上龚思奇和朱小憨两个好朋友，搭上了爸爸前往湿地公园的专车。

"湿地公园为什么要被称为'湿地'公园呢？"一路上，三个小伙伴问了很多奇奇怪怪的问题。其中，大家最关注的是对"湿地"的"湿"的理解。

"湿地，顾名思义应该是湿漉漉的意思。"

"或许，那儿经常下雨？"龚思奇和朱小憨发出种种猜测。

"你们的理解能力还不错。其实，湿地就是富含水分、湿润的地方。但今天我们要去的湿地，是广义上的湿地。这个'湿地'可以理解为'包括沼泽、湿原、滩涂、泥炭地等水域地带，以及水深不超过6米的浅海区、河流、湖泊、水库、稻田等地带'。"王多智爸爸被龚思奇、朱小憨的话逗乐，他一边开车，一边还不忘给小伙伴们进行关于湿地知识的科普。

"听爸爸这么一说，今天我们要去的地方一定风景秀丽、美不胜收。"王多智露出向往的表情。

"原则上是，但要到了目的地之后，才能知道那里的真实情况。"王多智爸爸欲言又止。

"湿地，是不是应该还有许多其他地方难得一见的动物，譬如天鹅、白鹳、鹈鹕、大雁、白鹭、苍鹰、浮鸥、银鸥、燕鸥、苇莺、掠鸟等。"龚思奇也露出向往的表情。

"到时候就知道了。"王多智爸爸皱了皱眉头。

三个小伙伴见王多智爸爸不太高兴，也都不再言语。

经过几小时的颠簸，王多智爸爸的车到达了目的地。出乎大家意料的是，湿地并非"湿地"，也没有龚思奇向往的难得一见的动物。

"王叔叔，我们是不是走错地儿了？"龚思奇和朱小憨异口同声地问。

"我们没走错，这就是我们今天的目的地。看来，湿地也很脆弱呀。"王多智爸爸说这话的时候，心情看起来很沉重。

"不是说湿地是'地球之肾'，怎么还脆弱？"看着眼前的萧条景象，王多智猛然回忆起之前看过的一部科普小短片里对湿地的介绍。

"湿地就像一块'天然海绵'，当洪水来临时，湿地可以容纳大量水分——湿地表面被水淹没，底层土壤也充分吸水；到了干旱的时候，湿地保存的水分会流出，成为水源，补给周边河流和地下水。人们直接利用其水源或补充地下水，有效控制洪水和防止土壤沙化，改善环境污染……因此，有了湿地的存在就像给周边区域上了一份水分调节的安全保险，让这些地方抵抗洪水和干旱的能力得到大大增强。可是……"王多智爸爸首先肯定了王多智对"地球之肾"的理解。

"其实，湿地最重要的功能就是调节水分平衡。"龚思奇也明白了一点儿。

"是什么原因导致湿地变得如此脆弱？"朱小憨关注的不是湿地是不是"地球之肾"，而是它"脆弱"的原因。

"这就是我们今天要考察的内容。"王多智爸爸将车停好，带着三个小伙伴开始考察湿地周围的环境。

很快，他们发现湿地上游的一条河流改道了。

"这一类工程虽说对农业生产作出了贡献，也对防洪工作起到了巨大作用，但影响了河流对湿地的水量补给作用。"王多智爸爸说。

"快看，湿地周围还新改造了一些农田。"龚思奇眼尖，发现了"秘密"。

"围湖、围海造田会直接减少湿地面积。"王多智爸爸在笔记本上记下了龚思奇的发现。

"看看，湿地中央还有一些不合理的种植。"朱小憨也有了发现。

"土壤破坏是破坏湿地的一大因素。人类不合理使用土地，导致了土壤的酸化与其他形式的污染，这严重破坏了湿地内的生态环境。正是因为这些，成千上万的水生物及鸟类才无家可归。"龚思奇明白了在这个湿地为什么见不到期望中的鸟类的根本原因。

接下来，几个人继续考察，又有了一些新的发现。不知为什么，大家心里都有了写一篇关于湿地遭到破坏的报道的冲动……

亲爱的科学小探迷们：请认真回忆故事中的细节，然后在不回看的情况下，试着回答下列问题。

① 科学小分队的成员们搭上谁的车去湿地公园？

② 在湿地公园，龚思奇看到期望中的野生动物了吗？

③ 湿地公园上游的河流被改道了吗？

① **为什么湿地被称作"地球之肾"？**

答：因为湿地可以调节局部地区水分平衡，还能通过水分循环来改善局部气候。再者，湿地植物能吸收有毒物质，净化水质。

② **是什么原因导致湿地鸟类无家可归？**

答：人类破坏了湿地内的生态环境。

数也数不清的鲤鱼

8.泛滥成灾的水母

暑假，王多智、龚思奇和朱小憨三个家庭组团去一座海滨城市度假，他们游泳、拾海贝、打水战、晒日光浴、吃冰激凌，玩得不亦乐乎。

这天，家长们凑在一起聊天，三个小伙伴趁机溜出旅行社，踩着海滩松软的沙土，看过往的渔船，三个人的心情特别好。

路过浅海滩时，一群看上去有些特别的捕捞队引起了他们的注意。

"走，我们去看他们捕捞上来多少鱼儿。"朱小憨提议。

"奇怪，他们把捕捞上来的鱼放回海里。他们究竟要捕捞什么呢？该不会是海怪吧！"王多智发现了蹊跷。

怀着好奇的心理，三个小伙伴靠近捕捞队，想要一看究竟。短短几分钟之后，捕捞队便有了收获。在他们从海水中拖出渔网的一刹那，三个小伙伴惊奇地发现一团团如同小冰箱般大小、橘红色的巨型水母随着渔网浮出海面。这群不断蠕动的生物，甚至把打捞上来的鱼都挤掉了。

"他们在捕捞水母？捕捞水母有什么用？卖钱，卖给谁？"疑问一个接着一个。

"我们要把这些水母进行集中销毁。"一个工作人员说。

"为什么？"三个小伙伴睁大眼睛。

"因为水母泛滥成灾，再不消灭一些，就会影响人们航行了。"另一个工作人员说。

"是外来物种入侵吗？"王多智一听"泛滥成灾"几个字，立刻联想到外来物种入侵，侵占了本地物种的生存空间，导致本地物种死亡和濒危等现象。

"哈哈哈，这些水母是'土生土长'的，不属于外来物种。"刚才说话的工作人员笑着说。

"水母为什么会泛滥成灾？"王多智他们还有疑问。可捕捞队又进入下一轮的捕捞，没时间回答小伙伴们那些没完没了的问题。他们抱歉地笑笑，自顾自忙活开了。

"哼，我们自己找答案。"王多智带着龚思奇和朱小憨在海滩四处侦查，左看右看了好一会儿，也没看出"门道"。

"老大，我们还是去问问他们吧。"龚思奇要放弃了。

"人家很忙，恐怕问了也不会找到答案。"王多智决定再找寻一会儿。突然，他们发现不远处一位戴着眼镜的老爷爷正在提取水样。

"他一定有来头，我们去问问他。"王多智眼睛一亮，和龚思奇、朱小憨来到老爷爷身旁。

"老爷爷，你知道这里的水母为什么会泛滥成灾吗？"王多智小心翼翼地询问。老爷爷没有吭声，只小心翼翼地把提取到的水样装进一个小瓶子。

老爷爷把小瓶子带回实验室，开始化验。

"孩子们，我的猜想已经得到证实。"不一会儿，老爷爷兴奋地说。

"什么猜想？"王多智连忙问。

"水母泛滥成灾的最主要原因，其实就是海水的富营养化。因为海洋富营养化，导致了这一带浮游生物大量繁殖。由于这些浮游生物很难被鱼类等生物利用，却能够被水母利用，富营养化导致的底层海水缺氧，影响鱼类和一些底栖生物的生存，给水母留下很大的生存空间。"老爷爷从海水样品中发现了大量浮游生物。

"好好的海水，怎么会变得如此有营养？"朱小憨不明白海洋可以"吃"什么。

"随着工业的发展，工业废水不可避免地流入海洋，而海洋'吃'东西从来都很被动，所以不发'胖'都不行。"王多智看看朱小憨，俏皮地说。

"不过，水母泛滥还有多方面的原因。譬如，人类的过度捕捞导致渔业资源遭到严重破坏，这些鱼中，有的与水母争抢食物，有的是水母的天敌，鱼类减少不仅让水母获得更多的饵料，而且还减少了被捕食的危险；同时，海水温度的升高也为水母的爆发提供了有利的条件……"老爷爷侃侃而谈。

"我们倡议减少工业排放，倡议保持生态平衡。"三个小伙伴决定长大后，积极投身环境保护事业。

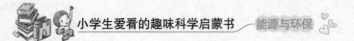

超强 **大脑**

亲爱的科学小探迷们：请认真回忆故事中的细节，然后在不回看的情况下，试着回答下列问题。

1 三个小伙伴发现捕捞队正在捕捞水母，还是鱼类？

2 故事中那些泛滥成灾的水母是外来入侵物种吗？

3 戴着眼镜的老爷爷提取到水样了吗？

科学侦探 大本营

1 **水母泛滥成灾的最主要原因是什么？**

答：是海水的富营养化。

2 **为什么说人类对渔业资源的过度捕捞也会导致水母泛滥成灾？**

答：人类对渔业资源的过度捕捞之所以会导致水母泛滥成灾，主要有两个方面的原因。一方面，一些鱼与水母争抢食物，鱼少了之后，水母就少了食物的竞争者，会获得更多食物；另一方面，一些鱼是水母的天敌，减少后，水母避免了被捕食的危险，有了更大的生存、繁殖空间。

长势喜人的"金子植物"

147

9.不能吃的生菜

外婆回乡下去了，爸爸妈妈又不在家，朱小憨一下子成了家里的"当家人"。

开始的时候，他看电视、上网，觉得挺自由。没玩多久，他就觉得其实一个人在家也没什么好玩的。于是，他分别给龚思奇、王多智打去电话，邀请他俩来家里做客。

"我想要吃火锅。你请客吗？"由于朱小憨平时都不太大方，所以龚思奇想伺机"敲诈"他一番。

"请客，我请客！"朱小憨为了请到好朋友，一口气答应了龚思奇的要求。可是，他又舍不得花钱下馆子。不过，他立即想了一个高招——在家吃火锅。

有了这个想法之后，他等龚思奇、王多智一到，便提出了一起去菜市场买菜、回家吃火锅的建议。龚思奇、王多智心想自己动手，也是一个不错的选择，于是非常高兴地和朱小憨去了菜市场。

"我喜欢吃生菜，多买些吧。"龚思奇喜欢吃生菜，可是菜场的生菜已经所剩无几，她找来找去，才在一个角落里发现一位菜农正在售卖生菜。

龚思奇仔细一看，发现菜农篮子里的生菜和她平时购买的有些不一样。平时，龚思奇购买的生菜颜色绿莹莹的，很诱人，可眼前的生菜却显得绿中带黄，颜色看上去很不正常。

"这种生菜看上去病快快的，你还敢吃？"王多智用胳膊肘撞了撞龚思奇。龚思奇被这么一提醒，觉得在理，可是她太想吃生菜了，于是执意买了一把。

"我敢保证，这样的生菜一定不能吃。"回家后，王多智坚持自己的观点，和龚思奇争论起来。

"去问问祝爷爷。"朱小憨不知道自己应该站在谁的一边，只得拿着生菜去请邻居祝爷爷评理。祝爷爷以前是一位化学研究员，退休后喜欢做做实验，他提取了生菜样品之后，立即开始了检验。很快，祝爷爷就发现生菜存在镉超标的问题。

镉是重金属，所以这些生菜真的不能吃。

"这种生菜一定生长在重金属污染区，你们得赶紧说出它的来源，以免危害更多的人。"祝爷爷紧张起来。

事不宜迟，王多智一行立即带着祝爷爷来到菜市场，找到了卖生菜的菜农。

"我的生菜可是自己种出来的。卖给你，也没缺斤少两。"菜农觉得自己挺无辜。

"你的生菜含有重金属，为了大家的健康，我们必须弄清楚事情的原委。或许，你也是个受害者……"祝爷爷说明来意之后，菜农带着大家来到他的村子。

很快，祝爷爷发现菜农村子里还存在其他大量被重金属污染的蔬菜。由于当地农民不明白重金属污染的严重性，也没引起足够的重视。

"是谁污染了我们的村子？"村民们义愤填膺。

"大家少安毋躁，我们一定会找出其中的原因。"祝爷爷安抚好村民之后，把这件重金属严重污染事件向市环保局做了详细汇报。

环保局的工作人员第一时间赶到现场，对该村落进行了仔细的排查，很快就找到了问题的症结所在。原来，半年前村子上游新开了一家矿石加工厂，污水乱排乱放导致了该村的重金属污染。幸亏事件及早发现，才没造成人员伤害。

"我们能不能通过多浸泡、多清洗或多煮，来去除受污染蔬菜里的重金属？"龚思奇觉得把蔬菜丢掉太可惜。

"因为重金属污染是从植物根系中来的，存在于植物的体内，不像农药那样大部分都喷洒在农作物外表，所以即使多洗也不能清除干净。"祝爷爷遗憾地耸耸肩。

"最重要的是要遏制污染源头，清理受到污染的土壤。"一旁的朱小憨发表了自己的看法。

"污染源可以通过政府方面遏制，但清理土壤，可是一个难题。"王多智皱着眉头说。

"用雨水清理，成不成？"朱小憨问。

"用磁铁吸走重金属，成不成？"龚思奇问。

"看来，还得在这上面种植植物才行。"祝爷爷的话让龚思奇、朱小憨越听越糊涂。

"还种上生菜吗？"

　　"我说的是利用一些特别的植物来吸走土壤里的重金属，从而修复土壤。其实，这种生物治理技术已经在一些重金属污染区付诸实践了。譬如，堇菜、蜈蚣草就可以有效治理土壤中的重金属污染问题；此外，还可以用藻类植物吸收污水里面过量的氮磷钾，等等。"祝爷爷的建议得到大家的一致认可。

　　"那就行动起来吧！"王多智、龚思奇和朱小憨异口同声地请求道。

　　亲爱的科学小探迷们：请认真回忆故事中的细节，然后在不回看的情况下，试着回答下列问题。

　　❶ 谁一个人在家？

　　❷ 龚思奇买的生菜能吃吗？

　　❸ 祝爷爷发现生菜有什么问题？

　　❶ 受到重金属污染的蔬菜水果，能不能通过多浸泡、多清洗或多煮来去除重金属呢？

　　答：不能。

　　❷ 请说出两种能吸收重金属、修复土壤的植物？

　　答：堇菜、蜈蚣草。

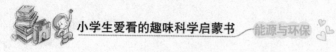
快跑，海啸来了

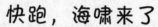

10.大海的"怒吼"

自从看了《能源危机》之后，王多智就有了一种解救人类的使命感和紧迫感，时不时地和龚思奇、朱小憨凑在一起"研究"新能源问题。这天放学后，王多智又把龚思奇、朱小憨召集在一起。

"我觉得风能很环保。"龚思奇率先发表了自己的看法。

"人类利用风能的历史可以追溯到公元前。数千年历史的风能利用方式，我们早就说过了。"王多智视龚思奇的发言无效。

"我觉得太阳能既是一次能源，又是可再生能源。它资源丰富，既可免费使用，又无需运输，对环境无任何污染。要不，我们今天就谈论一下太阳能？"朱小憨一口气说出了自己的观点。

"这个以前我们也都谈到过。关键，我们要寻找一种旷世新能源……"王多智俨然把自己当成了维护世界和平的使者。

龚思奇、朱小憨见状，不吭声了。王多智陷入苦思冥想之中。

良久，王多智打开手机，希望从"度娘"那里得到一点儿启发。这时，一条令人震惊的新闻映入他的视线。

"X年Y月Z日X时Y分，X地发生里氏9.0级地震……至发稿之时，官方已确认此次海啸已造成7133人死亡，10072人失踪。"王多智大声地念着这条震惊的新闻。

"海啸？大海的怒吼，太可怕了！"龚思奇和朱小憨在一些影片中看过关于海啸的灾难片，他俩异口同声地叫起来。

"海啸的波速高达每小时700~800千米，在几小时内就能横扫大洋；波长可达数百千米，可以传播很远，而能量损失很小。"有了新的话题，王多智把能源问题暂时放到一边。

"在茫茫的大洋里波高不足一米，但当到达海岸浅水地带时，波长减短而波高急剧增高，可达数十米，形成含有巨大能量的'水墙'。"龚思奇附和道。

"大海为什么怒吼？"朱小憨只知其一不知其二。

"海啸是由海底地震、火山爆发、海底滑坡或气象变化产生的破坏性海浪。"王多智索性打开电脑，找出海啸的视频，让龚思奇和朱小憨深入地了解海啸。

"如果发生海啸，我就使劲跑。"视频中，海啸给人类带来毁灭性的灾难。龚思奇越看越心惊，忍不住说。

"幸好，我还会游泳。如果海啸把我卷入大海，我就拼命游上岸。"朱小憨摆出一副天不怕地不怕的架势。

"一般情况下，海啸发生前会有异常情况。地震是海啸最明显的前兆。如果你感觉到较强的震动，就不要靠近海边、江河的入海口。如果听到有关地震的报告，就要做好预防海啸的准备。又譬如，海啸登陆时海水往往明显升高或降低，如果你看到海面后退速度异常快，就立刻撤离到内陆地势较高的地方。"王多智爸爸也加入大家的话题。

接下来，大家的话题紧紧围绕海啸而展开。

"海啸具有如此大的破坏力，要是能好好利用就好了。"突然，朱小憨提出了一个让大家大吃一惊的话题。

"如果能把灾难变成能源，一定是一个不错的选择。"王多智爸爸意味深长地看着三个小伙伴。

"其实，只要我们认真观察，并怀揣理想，新能源是不难被开发的。"王多智接过话茬。龚思奇和朱小憨信心满满地点点头。

超强 大脑

亲爱的科学小探迷们：请认真回忆故事中的细节，然后在不回看的情况下，试着回答下列问题。

❶ 自从看了《能源危机》之后，王多智时不时地和龚思奇、朱小憨凑在一起"研究"什么问题？

❷ 王多智打开手机看到一条什么新闻？

❶ **海啸是由什么而产生的破坏性海浪？**

答：海底地震、火山爆发、海底滑坡或气象变化等。

❷ **海啸登陆时，海水往往明显升高或降低，如果你在海边看到海面后退速度异常快，应该怎么办？**

答：立刻撤离到内陆地势较高的地方。

超强大脑答案

第一辑

1.一次节电比赛

①这部科普小短片的名字叫《能源危机》。

②她住在外婆家。

③节能灯。

2.纸袋不一定环保

①住在附近的二姨家。

②布袋。

3.树也不可以乱种

①王多智的三姨。

②龚思奇。

③"秃山"曾经发生过森林火灾。

4.带刺的"黄花"

①龚思奇。

②黄花刺茄。

③是。

5.易被忽视的"光污染"

①班里一位居住在乡下的同学。

②不是。

③在黑暗中点亮的蜡烛亮一些。

6."疯狂"的水葫芦

①水葫芦。

②水葫芦的老家在南美洲亚马孙流域。

③水葫芦象甲、海牛。

7.地沟油风波

①僻静小村庄的一间小瓦房。

②王多智。

③没有。

8.双层玻璃的秘密

①没有。

②双层玻璃。

9.蹊跷的水灾

①没有。

②水灾果然"如期而至"。

③加强城市绿化。

10.太空有垃圾

①没有。

②太空垃圾是人类遗弃的。

③有。

第二辑

1.海面上的死鱼

①龚思奇。

②朱小憨。

③缺氧。

2.不能吃的海鲜

①他们去附近的小吃街大吃了一顿之后，才同时出现头晕、恶心、腹痛、腹泻等症状的。

②裸甲藻。

③海洋大变"脸色"的现象就是赤潮。

3.湖心岛上的死雏鸟

①"不明物"其实是白鸽幼鸟的尸体。

②他们依据的线索是：雏鸟身体上没有外伤，而且死亡现场也毫无打斗的痕迹。

③因为它们吃下了很多根本无法消化的塑料制品。

4.城市里的"热岛效应"

①王多智的爸爸。

②大家发现郊区果然不像市中心那样热，偶尔还有丝丝凉风吹过。

③能。

5."镉米"风波的背后

①因为西村人的稻米是地地道道的镉米。如果长期食用，会对人体造成严重危害。

②西村上游一家新建的化工厂是问题的症结所在。

6.面目全非的石雕

①朱小憨。

②石雕变成了一尊满目疮痍的石头。

③酸雨。

7.蟹壳有秘密

①王多智爸爸带大伙去一家新开的"螃蟹馆"吃大餐。

②老板过来了。他把蟹壳装进了一个小口袋，还请求大家把其余的蟹壳也留下来。

③蟹壳里含有一种名叫甲壳素的成分。

8.河边镇的"怪病"

①龚思奇。

②镇上的餐馆都是清一色的鱼馆。

③病人与病猫都特别爱吃鱼。

9.可以种出来的能源

①校车的油箱漏油了。

②不是。因为这些能源在地球上数量有限，总有一天会用完的。

③他们在巴西的热带雨林里发现了能产油的奇树，树的名字叫三叶橡胶树。

10.偷吃稻谷的麻雀

①去大舅家看晒场。

②被龚思奇的大舅制止了。

③是。它已被列入"世界自然保护联盟"《2013年濒危物种红色名录》。

第三辑

1.橘皮儿"追踪记"

①柑橘园的管理员。

②大卡车开到一家有机肥工厂去了。

③可以。

2.落叶也是宝

①一位腿脚有残疾的环卫工人。

②大坑叫沼气坑。老爷爷将落叶倒入沼气坑，是为了制造沼气，提供能源。

③叔叔把落叶推到堆肥坑堆肥去了。

3.自相残杀的北极熊

①科考队长。

②不是。照片上的事儿是真实的。

4.讨厌的雾霾

①雾霾天气导致能见度低，交通陷入瘫痪，所以停课。

②导致1.2万人丧生。

③不，还包括它的"同伙"——霾。

5."消失"的冬季

①地理老师。

②我国西南边陲西双版纳及其附近低海拔地区。

③西双版纳的气温具有"常夏无冬，一雨成秋"的特点。

6.珍贵的淡水

①王多智。

②不是。大海里的水是含盐的咸水。

③地下水、湖泊淡水和河水。

7."脆弱"的湿地

①他们搭上王多智爸爸的车前往湿地公园。

②没有。

③改道了。

8.泛滥成灾的水母

①水母。

②不是。

③提取到了。

9.不能吃的生菜

①朱小憨。

②不能。

③镉超标。

10.大海的"怒吼"

①新能源问题。

②一条关于海啸的新闻。

内 容 提 要

　　"小学生爱看的趣味科学启蒙书"是一套适合小学生阅读的科学故事读本。作者创作了120篇与孩子生活息息相关的科学故事，按内容分为四册，通过"科学小分队"三人组合的科学探索故事，分册向孩子们介绍能源与环保、物理与化学、卫生与健康、医学与科技等孩子们最好奇，也最感兴趣的科学知识。本书知识鲜活，主题突出，构思新颖，其主要的特点是通过孩子的探究与体验，把科学知识展现给读者。希望本系列丛书能让孩子们在快乐的阅读中，萌发科学探索欲望，并受到科学启迪，快乐成长。

图书在版编目（CIP）数据

　　小学生爱看的趣味科学启蒙书. 能源与环保／代晓琴著.
—北京：中国纺织出版社，2018.2　（2020.11重印）
　　ISBN 978-7-5180-4244-9

　　Ⅰ.①小…　Ⅱ.①代…　Ⅲ.①科学知识—少儿读物②能源—少儿读物③环境保护—少儿读物　Ⅳ.①Z288.1②TK01-49③X-49

　　中国版本图书馆CIP数据核字（2017）第263692号

责任编辑：江　飞　　责任印制：王艳丽

中国纺织出版社出版发行
地址：北京市朝阳区百子湾东里A407号楼　邮政编码：100124
销售电话：010—67004422　传真：010—87155801
http://www.c-textilep.com
E-mail：faxing@c-textilep.com
中国纺织出版社天猫旗舰店
官方微博http://weibo.com/2119887771
三河市延风印装有限公司印刷　各地新华书店经销
2018年2月第1版　2020年11月第10次印刷
开本：880×1230　1/32　印张：5.25
字数：82千字　定价：26.80元